草原生态环境监测
与信息服务体系发展战略研究

邵长亮　刘欣超　徐大伟　李　刚　辛晓平　唐华俊　著

U0306411

中国农业科学技术出版社

图书在版编目（CIP）数据

草原生态环境监测与信息服务体系发展战略研究 / 邵长亮等著. --北京：中国农业科学技术出版社，2022.1

ISBN 978-7-5116-5690-2

Ⅰ.①草…　Ⅱ.①邵…　Ⅲ.①草原生态系统－环境监测系统－信息管理－研究－中国　Ⅳ.①S812.29

中国版本图书馆CIP数据核字（2021）第275128号

责任编辑	崔改泵　马维玲
责任校对	王　彦
责任印制	姜义伟　王思文

出 版 者	中国农业科学技术出版社
	北京市中关村南大街12号　　邮编：100081
电　话	（010）82109194（编辑室）　　（010）82109702（发行部）
	（010）82109702（读者服务部）
网　址	https: // castp.caas.cn
经 销 者	各地新华书店
印 刷 者	北京地大彩印有限公司
开　本	170 mm×240 mm　1/16
印　张	14.5
字　数	223千字
版　次	2022年1月第1版　　2022年1月第1次印刷
定　价	118.00元

《草原生态环境监测与信息服务体系发展战略研究》

著 者 名 单

主　著：邵长亮　刘欣超　徐大伟　李　刚　辛晓平　唐华俊

著　者（按姓氏拼音排列）：

庾　强　李　刚　刘欣超　秦　琪　邵长亮　唐华俊

田晓宇　王　旭　王路路　辛晓平　徐大伟　徐丽君

闫瑞瑞　闫玉春　杨秀春

作者简介

● **邵长亮**，博士，研究员，博士生导师。研究方向为全球变化生态学和草地生态学。现任中美碳联盟主席、蒙古高原草原碳水通量大型观测平台负责人。任 *Agricultural and Forest Meteorology*、*Ecological Processes*、《草地学报》等期刊副主编或编辑。国家科技基础资源调查专项首席科学家，主持多项国家自然科学基金项目、国家重点研发计划项目、中国科学院知识创新工程项目等，发表论文近百篇，其中 SCI 收录 70 篇，出版专著 2 部，参编 5 部。

● **刘欣超**，博士，助理研究员。作为主持人承担国家自然科学基金项目和内蒙古自治区基金项目各 1 项，作为骨干参加国家科技基础资源调查专项、中国工程院重大咨询等项目和课题研究，发表论文 20 余篇（SCI 收录 10 余篇），参编专著 3 部。

● **徐大伟**，博士，助理研究员。主要从事草地生态遥感研究，开展了草地类型分布与制图、空间格局分析、关键参数信息反演等研究。先后主持、参加国家自然科学基金项目、国家重点研发计划项目子课题等 10 余项，发表论文 30 余篇（SCI 收录 10 余篇），参与出版著作 3 部，参与制定标准 2 项，获神农中华农业科技奖二等奖、中国农业资源与区划学会科学技术奖一等奖等奖励。

- 李 刚，博士，副研究员，硕士生导师。主要从事草地生态遥感、科研管理等方面研究，开展了草地 NPP 估算、关键参数反演等研究。先后主持、参加省部级、国家重点研发计划项目子课题等 10 余项，发表论文 30 余篇，参与出版著作 5 部，获北京市科学技术进步奖三等奖、中国农业科学院科学技术成果奖二等奖、中国农业资源与区划学会科学技术奖一等奖等奖励。

- 辛晓平，博士，研究员，博士生导师。长期从事呼伦贝尔草地生态系统观测及草地优化管理研究，先后主持国家重点研发计划项目、国家公益性行业科研专项、863 计划及支撑计划项目、国家自然科学基金重点项目和国际合作项目等国家级科研项目 30 余项，以第一或通讯作者发表论文 76 篇（SCI 或 EI 收录 13 篇），主编专著 4 部，获专利 4 项、软件著作权 25 项，参与制定农业行业标准 1 项，2 项咨询报告获农业农村部和国务院批示，获省部级科技奖励 5 项，并荣获多个国家级或省部级个人荣誉称号。

- 唐华俊，中国工程院院士，中国农业科学院原院长。长期从事基于遥感技术的农业资源合理利用、作物与草地资源分布格局和结构变化、气候变化对作物及草地的影响等方面的研究。搭建了一批先进的长期生态遥感试验研究平台，建立了作物与草地遥感监测系统，科学监测作物与草地分布区域、产量、长势和灾害情况；创建了系列空间模型，定量解析了过去我国主要作物与草地空间分布和结构变化过程及规律；建立了耦合自然和社会经济因子的综合模型，模拟未来作物与草地空间分布变化趋势及其对我国粮食安全的影响。先后主持国家 863、973、重点研发计划等项目，获国家级或省部级奖 16 项，包括 2012 年、2014 年国家科技进步奖二等奖 2 项，发表论文 200 余篇，出版著作 20 部。

中国是一个草原大国，有天然草原 3.928 亿 hm^2，约占全球草原面积的 12 %，世界第一。从中国各类土地资源来看，草原资源面积最大，占国土面积的 40.9 %，是耕地面积的 2.9 倍、森林面积的 1.9 倍，是耕地与森林面积之和的 1.2 倍。目前，中国天然草原存在面积正在减少、质量不断下降，草原载畜力下降、普遍超载过牧，草原退化、沙化、盐渍化不断扩展等问题。20 世纪 80 年代，中国退化草原面积占总草原面积的 1/3；90 年代末期，中国北方 12 个省（自治区）退化草原面积占该地区草原总面积的 50.24 %；90 年代末期，中国西部和青藏高原传统畜牧区 90 % 的草原不同程度地退化，其中中度退化以上草原面积已占半数；目前，中国草原是世界陆地生态系统中退化最严重的地区之一，并且草原退化面积还在继续增加，草原生态环境形势十分严峻。

现在，国际草原生态环境监测和信息服务体系建设，已经开始以数字化管理技术为切入点，实现网络化、空间化、智能控制为主的全面信息化阶段，能够提供系统的数字信息和实用的数字化产品，这些服务都在草原资源环境监测的基础上深化了监测产品对草原经营管理的作用和效益，对完善草原信息服务体系和推动草原畜牧业现代化、产业化进程具有重要意义。

近年来，草原生态环境监测与信息服务体系的研究受到国内科研院校和学者的高度关注，通过大量文献检索分析发现，草原生态环境监测研究从 2000 年以来就受到各方关注，信息服务体系在近 5 年热度极高，研究热度逐年增加。从研究地区热度密度分布来看，北方草原和高山草甸的研究热度高，尤其是内蒙古、甘肃、青海和西藏等环境敏感地区，其他区域的热度总体较低。关键热点也从植被、生态系统、生物多样性方面，强调草原资源监测技术的发展，到后期出现保护、管理、预警、景观、生境、生态系统服务，关注草原整体生态环境变化与人类活动息息相关的如草原灾害监测及预警、草原健康评价技术等。同时，随着生态文明建设的不断深入，对生态监测评估和预警的要求越来越高，任务越来越重，现代化科学技术手段的重要性日益凸显，针对草原的科学研究开始强调尺度转换、信息筛选、环境保护模式。相比之下，受到基础数据不足、技术条件不完备的影响，中国的草原生态环境监测仍然存在较多不足，在环境监测信息获取、传递、处理、存储、利用等多个环节衔接不完善，尚未形成完整的产业链。信息服务体系的建设和数字化监测管理技术处于初始阶段，同类研究滞后于国际同行业技术发展水平。总体来讲，目前中国仍处在草原生态环境监测规范化和信息服务体系的研究积累阶段，在实用技术产品开发和产品级的技术研发方面空缺明显。

鉴于此，开展草原生态保护监测、评估及修复非常迫切。其中，及时掌握草原状况和动态变化是开展保护修复和监管的基础。中国工程院重大咨询项目《草原生态环境监测与信息服务体系发展战略研究》正好契合了这一需求，对中国草原生态保护意义重大。项目从信息服务、信息感知、智慧决策和预测评价4个方面深入分析了草原生态环境监测与信息服务需求，利用文献计量方法从4个时段分析了2000—2019年的关键技术，并剖析了澳大利亚、美国和欧盟以及国内典型案例。在此基础上，概括出了草原生态环境监测与信息服务关键技术清单与技术发展路线图，并依托充分的调研成果和基础研究，提出了中国草原生态环境监测与信息服务体系技术发展目标和重点任务。

　　本书是上述项目的成果总结。全书共十章，前三章介绍了中国草原生态环境所面临的问题和国内外草原生态环境监测体系发展现状。第四、五、六、七章通过文献计量、实地调研分析、国内外典型案例分析等手段对草原生态环境监测体系的发展和需求进行了总结。从中国草地土地覆被与土地利用变化、生产力、承载力、生物多样性、沙化、退化等方面遥感监测，自然灾害预警和社会经济发展评估入手，针对中国草原生态资源环境监测与信息服务技术体系的发展现状、问题与需求，研究发达国家在相关领域的研究应用进展和发展规划，分析国内外发展现状及差距。第八、九、十章则通过行业专家问卷和典型调研筛选草原生态资源环境监测与信息服务所需的关键技术，绘制技术图谱和技术路线图，对 2025 年、2035 年和 2050 年中国草原生态环境监测与信息服务体系技术发展路线图和技术清单进行了阐述并提出了政策建议。

著　者

2021 年 11 月

目　录

第一章

中国草原生态环境面临的
形势与挑战

中国草原生态环境现状

中国是一个草原大国，有天然草原 3.928 亿 hm^2，约占全球草原面积的 12％，世界第一。从中国各类土地资源来看，草原资源面积也是最大，占国土面积的 40.9％，是耕地面积的 2.9 倍、森林面积的 1.9 倍，是耕地与森林面积之和的 1.2 倍。中国 80％ 的草原分布在北方，20％ 分布在南方，北方以传统的天然草原为主，南方则主要是草山、草坡。西藏*、内蒙古、新疆、四川、青海、甘肃是中国最重要的 6 个草原省（自治区），草原面积 2.93 亿 hm^2，占全国草原面积的 73.4％。西藏、内蒙古、新疆草原面积位列前三。中国有草原面积比重较大的牧业县 108 个、半牧业县 160 个，这 268 个县共有草原面积 2.34 亿 hm^2，占全国草原面积的 59.6％。目前，中国天然草原存在面积正在减少、质量不断下降，草原载畜力下降、普遍超载过牧，草原退化、沙化、盐渍化不断扩展等问题。20 世纪 80 年代，中国退化草原面积占总草原面积的 1/3；90 年代末期，中国北方 12 个省（自治区）退化草原面积占该地区草原总面积的 50.2％；90 年代末期，中国西部和青藏高原传统畜牧区 90％ 的草原不同程度地退化，其中中度退化以上草原面积已占半数；目前，中国草原是世界陆地生态系统中退化最严重的生态系统之一，并且草原退化面积还在继续增加，草原生态环境形势十分严峻[1]。

一、中国草原退化严重

中国北方地区受大陆性季风气候影响，四季分明，雨热同期，夏季草

---

　　*　西藏自治区简称西藏。全书中出现的自治区均用简称。

原植物生长旺盛，超过放牧家畜利用，冬季寒冷漫长，饲草供应不足，草畜季节性供需矛盾明显。受传统观念和粗放经营管理制度的影响，人们对草原只利用不保护，单纯追求饲养家畜数量，草原超载放牧现象严重，导致中国草原退化速度加剧；中华人民共和国成立以后，人口剧增，为解决粮食问题，从而大规模开垦草原。《全国已垦草原退耕还草工程规划（2001—2010年）》指出，全国约19.3万km²草原被开垦，占全国草原总面积的近5%，即全国现有耕地的18.2%源于草原[2, 3]。因此，草原过度开垦是造成草原退化沙化的重要原因。

二、草原沙化面积扩大、水土流失严重

近年来，中国草原沙化、盐渍化面积不断扩大，北方地区沙尘暴频繁发生、水土流失现象日益严重。土地荒漠化遍及中国18个省（自治区、直辖市），荒漠化面积为262万km²，占国土面积的27.3%。水土流失是个全球性的环境问题，中国是世界水土流失最为严重的国家之一。水土流失的后果是生态环境遭受破坏，这是一种自然灾害。据中华人民共和国成立初期的不完全统计，我国水土流失面积为153万km²，占国土面积的15.90%。虽然经过40余年的治理，水土流失仍有扩大和加剧的趋势；据统计，到1990年，我国共完成治理水土流失面积53万km²。经过近几十年治理，2020年，全国水土流失状况持续改善，全国水土流失面积269万km²，占国土面积（未含香港特别行政区、澳门特别行政区和台湾省）的28.15%，较2019年减少1.81万km²，减幅0.67%；各地水土流失面积均呈减小趋势。

三、水资源不足、自然灾害频繁

中国草原主要分布在干旱和半干旱地区，受气候变化带来的影响也不容忽视。全球气候温室效应带来的温度升高导致草原地区干旱加重，增加了火灾等自然灾害的发生频率。草原自然起火的原因多而复杂，其中闪电是常见的起因之一。草原上覆盖的丰富可燃物遇到闪电极易引起草原火灾。

可燃物自燃是另一个起因。秋后降雪前和来年春季化雪之后，由于气候干燥、风大、日照时数长，可燃物自燃常会引起草原火灾[4]。另外，磷火也是草原火的起因之一。草原区，大量的死畜骨架遗留在草原上，而骨中丰富的磷很容易引起野火。

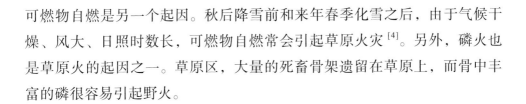

第二节　中国草原生态环境存在的突出问题

一、草原面积逐年缩小

导致草原面积逐年缩小的主要原因有开垦种地、矿藏开采、工业开发征占用以及畜牧业不合理的利用。矿产资源的开发会对地表资源产生不利影响，大规模的开采对地表原有的植被产生破坏，从而引起生态环境的恶化，矿产开采不断地缩小草原资源的面积而且影响其质量为多种原因中最主要的方面。

二、草场超载现象严重

草场严重超载，掠夺性经营是加重草原退化的一个最主要原因，中国天然草原普遍超载过牧。随着人口增加和受市场利益驱动，牧民盲目增加牲畜头数导致草原严重超载过牧，牧区草原超载率都在40％以上，远远超出草原承载能力。抢牧、争牧现象经常发生。草场超载主要来自2个方面的因素，一是草场面积的减少，二是牲畜头数的增加。历年来，畜牧业的发展是以牧畜头数的增长为指标，不是以畜产品为准。在这些政策和观点的影响下，中国牧畜头数较大幅度增加。1947年的内蒙古，有牲畜

1 925.8 万羊单位，平均每只占有草场 0.041 km^2，利用强度很低。以后牲畜数量逐年增加，到 1965 年达到 7 327.8 万羊单位，为 1947 年的 3.8 倍，平均每只占有草场 0.009 km^2，已超过天然草地的承载力。此后，牲畜头数随气候波动而大起大落，总在 7 000 万羊单位上下徘徊。20 世纪 80 年代以来，中国天然草原几乎都有不同程度的超载现象。20 世纪 80 年代末期，新疆牧场上牲畜载畜量超载 1 倍。自 1978 年以来，青海的草食家畜存栏数始终保持在 3 500 万羊单位以上，而草原的理论载畜量为 2 500 万羊单位左右，超载率达 40 %。青海湖以北地区超载 140 %。

三、草原资源利用不合理

在对天然草场进一步限牧的大背景下，有很多农牧民群众不顾国家明令禁止，在牧草生长初期大量放牧，使刚刚生长出的牧草被啃食殆尽，草原植被不能得到有效的休养生息，草原生态环境遭受进一步破坏。导致该种问题发生的原因，主要是部分农牧民对草原生态环境保护的重视程度不高，没有充分认识到阶段性利用牧草的重要意义，草原资源一直处于高压利用状态，难以在较短时间内休养生息，恢复原有生产能力。长此以往，各种生态问题不断凸显，治理难度越来越大，逐步陷入恶性循环，直接影响草原生态环境保护工作的高效开展，长此以往势必会影响整个草原生态系统功能，草原退化严重、无法恢复正常。

第三节
中国草原生态环境面临的挑战

中国一直以来都极为重视草原生态系统的建设，并且随着北方地区出现越来越多的沙尘暴天气，草原生态建设引起了更多的关注。为了进一步加强草原生态建设，使草原资源可以得到持久永续的利用，中国出台了一系列的保护政策，对草原生态建设起到了很大的作用^[5, 6]。但是在具体的建设过程中，认识和科学技术的限制等问题的出现，导致建设受到了阻碍。草原生态系统仍不断恶化，有待遏制。

草原生态建设所面临的困难主要表现在边治理边破坏。治理的速度往往赶不上破坏的速度，并且在相关的治理过程中，所采用的方法都是具有单因素及工程性的，往往只是通过植树来进行保护，但是在破坏的时候，所有的生态环境都遭到破坏。并且中国大部分的草原都面临着过度放牧的情况，造成了草原大面积退化，并且出现了严重沙化、盐碱化。在对草原生态系统的保护过程中，往往都是将经济发展、能源建设等多个目标都牵涉进来，这就使得很多政策在实施过程中与对生态系统的保护不能做到一致，这给草原生态系统带来了许多矛盾的影响。在草原生态系统所面临的问题中，有很多问题暴露出现。特别是在战略层面上，目前还没有在生态保护与经济发展过程中找到生态、生产、生活最为协调的道路。

在草原生态建设过程中，面临的主要矛盾就是环境保护与发展之间的矛盾。很多地方一味追求经济发展，并没有做好生态建设工作。在实际工作过程中，很多人都没有将草原生态建设与人们的生计问题一起进行考虑。在生态文化方面存在着危机，生态环境被破坏的原因是人们在生产过程中危害了自然的平衡，所以对于生态环境问题所产生的原因是有条件的，并且这也是可以避免的。关键是人类是否能处理好与自然之间的关系，并且给出实际的行动。在中国的文化发展过程中，产生了很多的文化类型，是人们在与自然相适应过程中所产生的文化类型，这对维护草原生态系统具有关键的作用。

第二章

草原生态环境监测与信息服务体系建设理论分析

第一节

草原生态环境监测与信息服务体系内涵

　　生态环境监测通过先进的技术监测生态环境的动态变化，并对数据进行分析进而及时警示人们保护环境。根据实际需要，生态环境监测的内容主要包括：其一，对资源开发引起的生态系统变化的监测；其二，对遭到破坏的生态系统状况及其在治理过程中恢复状况的监测；其三，对环境污染物（包括农药、化肥、有机污染物和重金属等）在生态链中迁移和转化的监测；其四，评估人类活动对陆地生态系统包括草原、森林、农田和荒漠等结构和功能影响的监测；其五，水土流失的面积监测及其分布和对生态环境影响的监测；其六，监测分析水污染及其对水中生态系统的结构的影响；其七，生态平衡的监测；其八，濒危物种的分布及其栖息地的监测；其九，生态系统中微量气体的释放量与吸收量的监测。

第二节

中国草原生态环境监测与信息服务
体系建设的战略意义

　　生态环境监测的应用具有深远的现实意义。生态环境关乎社会的和谐，而生态文明建设也对生态环境的状况提出了新的要求，所以生态环境监测工作的开展需要不断向深处、广处发展。但是，生态环境监测工作的开展常常遭遇一些影响，如天气的干扰等，所以生态环境的监测需要先进设备和技术的辅助。目前，生态环境监测的技术主要包括遥感（RS）、全球定位系统（GPS）、地理信息系统（GIS）。

一、遥感（RS）技术的应用

RS技术是利用卫星作业，卫星运作中对物体本身发出的电磁波十分敏感，而物体发出的电磁波能够反映物体本身的位置及表层等的变化，RS技术便是借用卫星的这一特点，利用卫星进行远程监控，所以说RS技术主要关注远程的生态状况及其变化趋势。RS技术在监测的时候会实时将远程信息记录下来，并形成数据库反馈回地面的信息收集站，这个过程周期非常短暂，但是内容却很丰富，如草原、森林、海洋等都会覆盖其中。以草原植被的遥感监测为例，该技术工作原理大体解释为：草原植被现在面临着严重的荒漠化威胁，良好状态下的草原在卫星感测图上基本呈现一种颜色，如果部分草原出现了荒漠化，也就是说草原植被区域减少，从而地表发射的电磁波就会区别于植被完整状态下的草原电磁波，不同的电磁波被卫星感应后草原植被荒漠化的区域在感测图上就会呈现另一种颜色。遥感卫星的监测数据主要是以卫星图的形式，其中有颜色及颜色深浅的变化，颜色深浅主要是反映地表、水域等的变化程度，非常直观、简易[7]。RS技术主要应用于生态环境领域的生态破坏监测，通过卫星监测生态是否被破坏及破坏的程度，根据RS技术的监测结果启示某些局域的生态状况及应该采取什么措施处理和预防。此外，结合卫星监测RS技术，还可以从气象云图的变化预测局域气象灾害等自然灾害的发生，从而为专家有针对性地制定预防措施提供依据。在生态环境监测中RS技术的应用十分广泛，监测与预测于一体，能有效地减少人力和物力的投入，是环境监测方面不可或缺的实用技术，大大提高了生态环境的监测水平。

二、全球定位系统（GPS）技术的应用

GPS是一种定位技术，在环境监测领域的应用能够适时地对遥感技术

提供的信息变化区域进行定位导航，具有精确、客观的特性。GPS 技术主要是对 RS 技术提供的实况数据感测图等加以分析并提供地理坐标。其应用原理是：RS 技术将实况数据传输予 GPS 仪器，GPS 仪器进行定位导航后建立新的数据库，并同步对实况变化坐标进行动态观测。GPS 技术在生态环境领域的应用是在 RS 技术基础上的一大创新，能够应用于实时动态监测目标的状况，这也是 RS 技术进步的一大特点。此外，这一技术还能应用于某一时段的事物数量监测，从而对相关方面进行推测，比如监测某一区域的树木数量从而监测出树木某一时段的二氧化碳吸收量。这一技术应用十分广泛，在生态环境监测方面可以与 RS 技术相互辅助，适时监测出动态数据，并能对一些措施的有效性进行适时关注，还能监测生态链的平衡程度，这样能够减少物力、人力的投入，而且宏观、便利[8]。

三、地理信息系统（GIS）技术的应用

GIS 技术一种地理信息处理技术，包括信息输入、储存、管理、分析处理、应用等。其内部储存大量的信息，并且能够分析数据，从而对措施的采取起到辅助决策的作用。GIS 技术联合 RS、GPS 技术能够形成数据监测和处理的系统，对生态环境某段时期内的变化提供原始数据，对生态变化的分析提供参考。GIS 技术在生态环境监测领域的作用非常突出，该技术具有丰富的地理数据，可辅助宏观决策。GIS 技术在生态发展的规划方面作用突出，此外还能分析地理资源的开发状况，参与地理资源的管理，从而极大地辅助生态平衡的监测。GPS 技术还能联合 GPS 的气象预测功能，在生态环境的灾害预测方面起到举足轻重的作用，因此，GIS 技术在生态环境监测方面具有准确性、真实性、辅助性、实用性的特点。

草原生态环境不仅具有重要的战略地位与作用，它还是区域可持续发展的战略屏障，更是生物多样性资源赖以生存的栖息地，是人类文明的宝库，是人类共同的自然财富。近几十年来，全球气候变暖等自然因素，加之人类不合理的开发自然资源，超载过牧、滥采乱挖、盗猎珍稀野生动物等人为因素，加速了草原生态环境的退化，导致了一系列不良后果[9]；例

如大面积草场退化，外来物种入侵[10]，土地沙化、水土流失加剧，江河断流、湖泊干枯、缺水严重，虫鼠害肆虐，雪灾、旱灾、风沙等灾害加剧，防灾抗灾能力低下[11-13]；生态系统处于恶性循环，生态危机十分严重[14, 15]。由于地形、地势以及气候等自然条件的限制，人们对草原生态环境变化的实时监测手段缺乏，造成形式及机理认识不清，采用与区域情况不符的区域社会经济发展模式，导致草原生态环境遭到自然和社会经济的双重压力。因此，加强草原生态环境的研究与保护具有十分重要的历史意义与现实意义[16]。

GIS 和 RS 是近年来快速发展起来的空间数据管理和获取手段，它们的应用为草原生态环境监测工作提供了一种有利的手段。GIS 能在空间范围内对多源、多时相的信息进行复合和集成分析，而 RS 能提供实时、同步、大范围的地表信息。因此，建立一个基于 GIS 和 RS 为一体的草原生态环境监测系统，可为决策部门提供详细的草原生态信息。根据这些信息，决策者可制定不同的生态保护和治理方案，为草原生态环境保护的正确决策提供科学依据，这是环境监测手段发展的必然趋势。随着 GIS 和 RS 技术的快速发展，以生态学原理和系统科学理论为基础，紧密结合退化生态系统的恢复生态学和可持续发展理论，采用定量、半定量方法，研究区域草原生态环境的现状及草场、湿地、黑土滩、冰川等的退化与变化情况，对草原生态环境进行定期或不定期的监测，形成草原生态环境信息的共享机制，在深入分析自然动力和人为因素影响的基础上，预测研究区域内草原生态环境演替趋势，进而提出保护对策与措施，并提供一个统一的软件平台，实现区域草原生态环境信息的集成，可为合理利用资源、改善草原生态环境以及政府决策提供基础信息和理论依据[17]。将 GIS 和 RS 紧密结合在一起应用于大范围地域中对各类地理信息采集分析，其优点在于：其一，提高草原生态环境调查的工作效率，减轻地面调查工作量，缩短外业工作时间；其二，利用卫星遥感信息多时相特点，实现草原生态环境的动态监测和分析；其三，应用 GIS 技术处理空间数据的强大功能，可进行大范围的各地域之间地理信息的统计分析和比较；其四，提高信息管理、分析成图和可视化表达的自动化水平。在以往的草原生态环境监测工作中，GIS和 RS 的应用也都发挥其自身的优势，但由于没有很好地将二者有机地结合在一起，这使得在应用过程中失去了更多的有用信息和信息的时效性。虽然现在获取的数据十分丰富，但要想获得有用的信息还要进行更深层次的处理，以满足不同的应用需求。随着计算机技术及 GIS、RS 技术发展日趋完善，开发集成 GIS 和 RS 于一体的草原生态环境监测模式已成为可能并成为必要。这一举措加强了区域草原生态环境的研究和保护，为区域草原生态环境保护和建设提供地理信息保障服务和决策支持。

草原生态环境遥感动态监测是一项集成遥感、地理信息系统、计算机技术以及生态学知识为一体的综合性监测技术，涉及空间数据采集、分析统计与表达的诸多技术，互联网的发展和普及使得对草原生态环境的监测从专业领域扩展到大众化的应用。然而，现在网络草原生态环境的遥感动态监测系统在某些方面还不能满足客户的需求，由于遥感数据的实时动态更新特征和统计分析的横向和纵向特征，解决生态遥感动态监测系统中数据的实时动态更新技术显得尤为重要[18]。基于 Java 和 ArcServer 技术为生态遥感动态监测服务自动更新提供良好的解决手段，利用 Java 的平台无关等特性以及 ArcServer 对服务的管理和操作机制，能够实现数据处理与服务自动更新模式为一体的数据支持模式，为草原生态环境分析提供便利的数据服务，服务数据的实时更新、准确的统计分析为决策者提供更加及时的决策依据。因此，服务数据自动更新的模式为草原生态环境遥感动态监测的顺利进行提供良好的解决方案。

第三章

国内外草原生态环境监测与信息服务体系政策

国外相关政策

进入 21 世纪，继第一次产业革命农业阶段和第二次产业革命工业阶段之后，第三次产业革命信息化（或者服务业）阶段如期而至，世界上许多国家开展了"新农村运动"，制定并实施农业信息化政策，取得了显著的成效。其中，美国农业信息化的特色明显、效果突出，对推进我国信息化进程具有借鉴意义。

在欧洲许多国家，草畜产业产值占农业总产值的 1/2 以上，如果忽视草原的生态效益，不仅会造成环境破坏，还会威胁草产业的发展基础；但是一味牺牲生产者的经济利益甚至放弃草业的发展，就无法实现草原可持续高效利用。因此，在新的时期里，要高度重视草原环境质量保护，采取有效措施，促进草原环境质量的提升。草原生态环境监测与信息服务体系就是针对草原生态系统变化情况的观测、评价和预测的一套完整技术体系，为正确评估和预测人类行为对生态系统的干扰程度提供理论依据，促进人类提高环保意识、合理利用草原资源、保护草原生态。

美国农业信息化起步于 20 世纪 50—60 年代。据统计，1954 年农村居民的电话普及率已达到 49 %，1968 年达到 83 %。美国政府在 1962 年为了开展广泛的农村、农业、农民教育开始资助在农村建立教育电视台。农村因为广播、电话和电视的普及，农业信息和市场信息可以及时传递给农场主和农民，从而有力地促进了农业科学技术推广和稳定农产品市场价格。在 20 世纪 70—80 年代，随着电子计算机等信息技术和信息设施的商业化和实用化的推广，美国农业数据库和农业计算机网络等方面的建设被广泛带动起来。1985 年，美国已有 8 % 的农场主在农业生产中使用计算机，其中一些大农场已计算机化。与此同时，美国农业部为了方便农业信息的开发和利用对 428 个电子化的农业数据库进行了编目。2003 年，美国农业信息化水平进一步提高，约 2/3 的农民至少每户拥有 1 台电脑，因农事需要而上网的时间每周平均 2 h；约 1/3 的农民在调查中表示希望通过互联网出售农产品。20 世纪 80 年代以来，美国许多农场纷纷运用计算机网络辅助农业生产。随着网络技术的发展和应用，农业信息化迈入网络时代。

美国从 1862 年成立农业部至今一直在抓农业信息化。自 1946 年以来，从农业信息化的工作内容、组织结构、法制建设到技术手段，不断变革、不断发展，到现在已经形成了庞大、完整和健全的制度和体系，建立起四通八达的全球电子信息网络。美国农业部等投资建立了大量的农业生产数据库和农业经济数据库，覆盖面遍及世界很多国家和地区。这些机构凭借这些数据库，提供大量有关世界农业生产、农业经济、粮食短缺等重大问题的研究报告。为确保农业信息化的快速发展，美国政府首先通过对农业科研体制、投资结构和实用技术研究进行政策调整，在明确投资主体的前提下，加大力度进行农业信息系统的多项硬件建设；其次提供充足的系统运行经费，每年 10 亿美元的农业信息经费支持，占农业行政经费的 10 %。在这样的前提下，美国农业信息化保持了快速的发展势头。

第二节

中国相关政策

一、"金农工程"

1994 年 12 月，在"国家经济信息化联席会议"第三次会议上提出了"金农工程"，目的是加速和推进农业和农村信息化，建立"农业综合管理和服务信息系统"。"金农工程系"统结构的核心是"金农工程"的国家中心。其主要任务：一是网络的控制管理和信息交换服务，包括与其他涉农系统的信息交换与共享；二是建立和维护国家级农业数据库群及其应用系统；三是协调制定统一的信息采集、发布的标准规范，对区域中心、行业中心实施技术指导和管理；四是组织农业现代化信息服务及促进各类计算机应用系统，如专家系统、地理信息系统、卫星遥感信息系统的开发和应用。

"金农工程"共分 2 个阶段建设：第 1 阶段（1995—2000 年），建设主要内容是使用 PSTN、Chinanet、DDN、帧中继、BSTN、VSAT 卫星小站以及电视逆程广播等方式传输数据，使各级、各部门间的信息能够及时地传递、交换和进入数据库；组织、协调、引导信息资源的开发，建立和完善国家级农业基本数据库群；建立农业监测、预测、预警等宏观调控与决策服务应用系统和农业生产形势、农作物产量预测系统；建立防灾减灾系统和农业服务信息系统，研制、开发、推广有较大经济效益和社会效益的软件系统和应用工具；建设遥感信息处理系统，包括国家农业遥感中心和区域分中心建设，省级农业遥感站建设，遥感信息处理系统和 GIS 技术应用的开发等；建设示范工程和建设科技教育信息网等。第 2 阶段（2000—2010 年），建设的主要内容是扩大信息采集点的规模，总数达到 3 000 个；完善省级农业综合信息传输和处理中心，与金农国家中心的网络互联至少要达到 64 K 以上速率；将第 1 阶段的中心建设内容扩展至省级[19]。

二、"西部大开发"战略

西部地区是中国重要的生态安全屏障，实施"西部大开发"是一项长期艰巨的历史任务，也是一项规模宏大的系统工程。其最终目标是：经过几代人的努力，到 21 世纪中叶全国基本实现现代化时，从根本上改变西部地区相对落后的面貌，努力建成一个山川秀美、经济繁荣、社会进步、民族团结、人民富裕的新西部。2000 年国家开始实施"西部大开发"战略以来，在西部地区相继启动实施了"退耕还林""天然林保护""退牧还草""京津风沙源治理""石漠化综合治理"和"防护林体系"建设等一批重点生态建设工程。"退耕还林"工程累计安排建设任务 3.85 亿亩[*]，"退牧还草"工程累计安排严重退化草原保护面积 5.19 亿亩，"天然林保护"工程全面展开，取得了明显的生态效益、社会效益和较好的经济效益。

三、草原生态奖补机制

2011 年起，国家在内蒙古、新疆、西藏、青海、四川、甘肃、宁夏和云南 8 个主要草原牧区省（自治区）和新疆生产建设兵团，实施"两保一促进"，即"保护草原生态，保障牛羊肉等特色畜产品供给，促进牧民增收"的保护补助奖励机制。2016 年，新一轮草原补奖机制从 9 月 21 日开始实施，补奖政策由 5 项减为 3 项。一是实施禁牧补助，对生存环境非常恶劣、草场严重退化、不宜放牧的草原，实行禁牧封育，中央财政按照每亩每年 6 元的测算标准对牧民给予禁牧补助。二是实施草畜平衡奖励，对禁牧区域以外的可利用草原，在核定合理载畜量的基础上，中央财政对未超载的牧民按照每亩每年 1.5 元的测算标准给予草畜平衡奖励。三是实施绩效考核奖励，补奖政策由省级人民政府负总责，财政部和农业农村部实行定期或不定期的巡查监督，并按照各地草原生态保护效果、地方财政投入、工作进展情况等因素进行绩效考评。中央财政每年安排奖励资金，对工作突出、成效显著的省份给予资金奖励，由地方政府统筹用于草原生态保护工作。

四、国家农业数据云平台

2017 年 1 月 26 日，农业部印发《关于推进农业供给侧结构性改革的实施意见》（以下简称《意见》）。《意见》明确指出：要积极推进农业信息化。推进"互联网＋"现代农业行动，全面实施信息进村入户工程，选择 5 个省份开展整省推进示范，年内建成 8 万个益农信息综合服务社。实施智慧农业工程，将农业物联网试验示范范围拓展到 10 个省份，推进农业装备智能化。建设全球农业数据调查分析系统，完善重要农产品平衡表会商与

---

[*] 1亩≈667 m^2，全书同。

发布制度，定期发布重要农产品供需信息，统筹各类大数据平台资源，建立集数据监测、分析、发布和服务于一体的国家农业数据云平台。在国家现代农业示范区打造一批智慧农业示范基地。加强农业遥感基础设施建设。加快推进农民手机应用技能培训。推进重点农产品市场信息平台建设。健全现代农产品市场体系，大力发展农村电子商务，推进冷链物流、智能物流等设施建设，促进新型农业经营主体与电商企业面对面对接融合，推动线上线下互动发展。

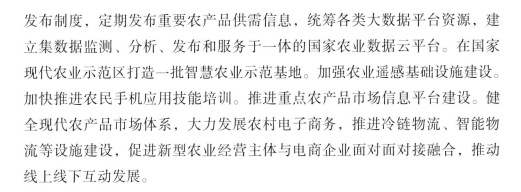

第三节　国内外政策对比分析

发达国家无不投入巨大财力来加强农业和草原信息网络建设，美国、日本和欧盟国家均投入大量财力开展农业网络系统建设。美国以政府为主体构建了庞大、完整的农业信息网络，收集、分析和发布农业信息，美国国家自然科学基金会投资 5 300 万美元建设了一个大型涉农网络项目，欧盟委员会 2004 年投资 5 200 万欧元推进了 25 个成员国之间的网络技术的研发与应用，英国也投资 2.4 亿英镑支持网络研究项目。发达国家充分发挥政府在农业信息化建设中的主导作用和投资主体地位，有效推动了农业信息化建设的稳步发展，这些经验值得借鉴。我国应发挥市场的引导机制，积极利用民间投资，允许和鼓励企业、科研机构、社会组织、个人、农村专业合作经济组织、农民信息协会和农户等投资信息化建设，形成以政府投资为主体的多元化农业信息投入体系，解决财政投入不足问题。此外，还需逐步完善我国农业信息化的基础设施。国外经验表明，加快推进农村信息网络建设，积极建设技术先进、功能完备的农业信息化基础设施，是顺利实现农业信息化的重要条件。多年来，日本政府注重加强农业信息化的基础设施建设，包括农作物种子工程设施、农作物病虫害防治设施、卫星遥感通信设施、基础信息资源的开发和网络设施建设；其中，信息资源开发利用是信息化的核心内容。韩国也比较重视农业信息化体系建设，通过建立一系列信息管理系统来实现信息技术在农业科研中的应用目标。例如设立作物基因资源、作物育种和动物改良等信息管理系统，用于收集、存储和管理新物种、海外种质资源信息，这些数据通过信息网向大学和研究所提供，研究人员通过网络共享物种资源信息[20]。美国已建成世界最大的农业计算机网络系统 AGNET，该系统覆盖美国 46 个州、加拿大的 6 个省和另外 7 个国家，连通美国农业部和大量的农业企业、大学等。目前，德国的农业网络系统已遍布各地，农业信息通过网络连接实现资源共享，德国的 13 个联邦州都可通过农业文献信息中心系统得到该中心的库存文献资料。

不少发达国家为适应农业信息化发展的需要，及时加强信息立法和制度建设工作，为农业信息化发展提供了法规和制度保证。日本政府于 2000 年 11 月正式公布《高度信息通信网络社会形成基本法》（简称《IT 基本法》），旨在通过建设高度信息化的通信网络和公共服务体系，创造一个新的社会发展环境，为实施农业领域的 IT 战略和加快农业信息化进程提供制度保障。中国作为农业和草业大国，农业和草业信息技术有着巨大的应用空间和广阔的发展前景，农牧民迫切渴望掌握现代信息化的工具和技术为农业生产经营服务。但中国农业和草业信息立法工作严重滞后，农业和草业信息化缺乏法律和制度保障。所以，中国应抓住机遇，借鉴国外立法与制度建设的经验，抓紧制定农业和草业信息化的法律法规和相关制度。同时，政府有关部门要尽快制定信息化标准，完善农业和草业信息采集、储存、发布和传播的监管制度，建立科学的信息需求评估机制，引导各类信息服务主体提高信息服务水平，防止信息偏差。

第四章

草原生态环境监测与信息服务体系建设技术态势分析——基于文献计量

基于SCI文章态势分析

本节内容是基于 2000—2019 年在国内外发表与草原生态环境监测与信息服务体系相关的 SCI 文献，重点分析草原生态环境监测与信息服务体系国内外技术态势发展情况，并对重点关注的技术热点进行分析。通过对国内外技术发展情况进行分析评价，以便更好地掌握国内研究优势方向和不足，为深入进行战略规划等提供参考。

一、数据来源与分析方法

本节涉及文献内容检索国内外文献来自以下数据库：国际论文来自 Web of Science 平台的 Web of Science 核心合集数据库中的 SCI-E 核心期刊论文索引［Science Citation Index-Expanded（1995 年至今）］和 CPCI-S 科学技术会议录索引［Conference Proceedings Citation Index-Science（1995 年至今）］。Web of Science 核心合集数据库是目前国际上最具权威性的、用于基础研究和应用基础研究成果评价的重要评价体系。几十年来，Web of Science 核心合集数据库不断发展，已经成为当今世界最为重要的大型数据库，它不仅是一部重要的检索工具，而且也是科学研究成果评价的一项重要依据，是评价一个国家、一个科学研究机构、一所高等学校、一本期刊，乃至一个研究人员学术水平的重要指标之一。其中，Science Citation Index-Expanded ™（SCI-E）为科学引文索引，Conference Proceedings Citation Index ™（CPCI）为会议论文引文索引。检索日期为 2019 年 12 月 9 日，检索范围为 2000 年 1 月 1 日至 2019 年 12 月 9 日，经专家筛选后符合检索条件的 SCI-E 论文数量为 24 721 篇。

相关分析采用科睿唯安（Clarivate Analytics，原汤森路透公司）的专业数据分析工具（Derwent Data Analyzer，DDA）和 Web of Science 平台的引用分析功能。DDA 是一个具有强大分析功能的文本挖掘软件，可以对文本数据进行多角度的数据挖掘和可视化的全景分析，还能够帮助分析人员从大量的专利文献或科技文献中发现竞争情报和技术情报，为洞察科学技术的发展趋势、发现行业出现的新兴技术、寻找合作伙伴，确定研究战略和发展方向提供有价值的依据。

二、草原生态环境监测与信息服务体系发文态势分析

截至 2019 年 12 月 9 日，共检索到草原生态环境监测与信息服务体系领域在 2000—2019 年发文量共 24 721 篇（考虑到数据库收录与论文发表的时间差，2018—2019 年的论文数量尚不完整，不能完全代表这 2 年的趋势）。本节研究的草原生态环境监测与信息服务体系领域论文涉及 5 个技术分类，分别为草原资源监测、草原环境监测、草原灾害监测、草原利用监测和草原信息服务。图 4-1 为草原生态环境监测与信息服务体系领域 SCI 论文随年度的变化情况。从年度发文量来看，全球生态环境监测、评价与信息服务领域的发文量呈现整体增加但后期略有下降的态势。2017 年是发文量顶点，发文数 2 020 篇；2000—2019 年，在发文量整体增加的大趋势下，出现 4 个下降年份，分别为 2007 年、2012 年、2016 年和 2018 年。各技术分类的年度发文数量趋势与总论文年度趋势相似。

图 4-1　草原生态环境监测与信息服务体系领域 SCI 论文发表总体情况

24 721 篇论文来自全球 160 个国家或地区，其中发文排名前 10 位的国家分别是美国、中国、澳大利亚、德国、英国、巴西、加拿大、法国、南非和新西兰。图 4-2 显示了全球草原生态环境监测与信息服务体系领域 SCI 论文发文量前 10 位的国家或地区分布及其占比情况。这些国家的总发文量为 19 947 篇，占全部发文量的 80.69 %，说明该领域的主要技术集中在发文量前 10 位的国家中。其他国家发文共 8 361 篇，占比 33.82 %。由于各个国家之间有合作发文的情况，所以国家发文占比数如果直接相加会超过 100 %。美国发文量排名第 1 位，为 7 627 篇，占比 30.9 %。中国紧随其后，排名第 2 位，但总数量仅为美国的 47.78 %，为 3 586 篇。排名第 3 位的澳大利亚为 2 306 篇，与中国发文量也有一定差距。发文量 1 000 篇以上的还有德国、英国、巴西、加拿大和法国。

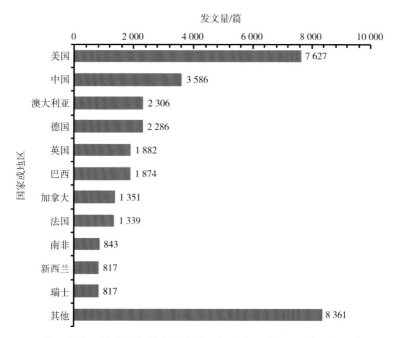

图 4-2　草原生态环境监测与信息服务体系领域发文前 10 位的国家或地区对比

　　图 4-3 展示了草原生态环境监测与信息服务体系领域发文前 10 位国家或地区的年度 SCI 发文趋势。可以看出，前 10 位国家或地区年度发文趋势与总体发文趋势一致。2017 年以前，前 10 位国家或地区论文呈现总

体上升趋势，2017 年之后出现下滑。中国在前 10 位国家中呈现不同趋势。在美国发文量遥遥领先其他国家的情况下，2012 年开始，中国从 9 个国家中脱颖而出，发文量稳居全球第 2 位，为 166 篇，此后一直保持第 2 位至 2018 年，2019 年中国发文量首次超过美国，居全球首位，为 467 篇。美国 2018 年发文量出现较大幅度的下降，2018 年为 479 篇，比最高年份 2017 年的 599 篇减少 120 篇，减少了 20 ％。

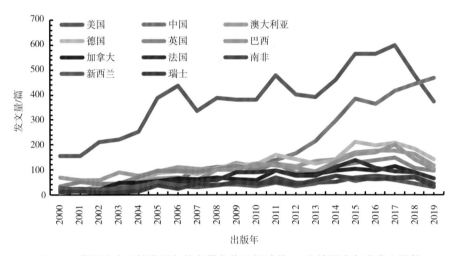

图 4-3　草原生态环境监测与信息服务体系领域前 10 位的国家年度发文趋势

三、草原生态环境监测与信息服务体系技术热点分析

由图 4-4、图 4-5 可见，在草原生态环境监测与信息服务体系领域中，SCI-E 发文量最高的领域关键词依次为：pasture、yield、nitrogen、concentration、habitat、landscape、RS、map，说明这些技术是该领域的研究热点。从年度出现词汇分布显示，2000—2019 年，发文量整体上扬，呈更多点分布的态势；但考虑到数据库收录与论文发表的时间差，2018—2019 年的论文数量尚不完整，不能完全代表这两年的趋势，故而图中显示为 2015 年前后的发文量更为集中。同时，在 2015 年后，涉及中国的发文量显著增长，间接说明了中国在该领域中的国际发文量呈现上升趋势。

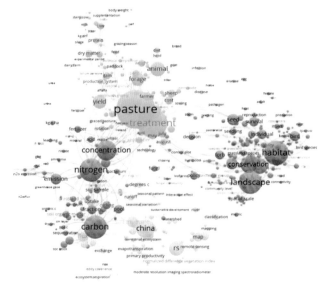

图 4-4 草原生态环境监测与信息服务体系领域 SCI 论文技术热点分布（一）

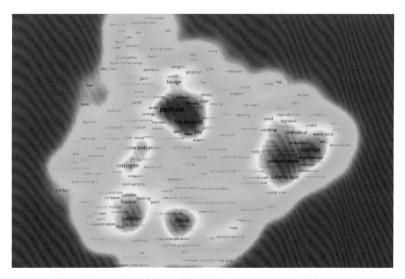

图 4-5 草原生态环境监测与信息服务体系领域 SCI 论文技术热点分布（二）

2000—2004 年，草原生态环境监测与信息服务体系领域中热点研究集中在：yield、flux、herbage、bird、dry matter，但新兴的 GIS、map 等的研究已开始有发文出现（图 4-6）。在此时间段，随时间变化，研究热点的变迁显示为：grain、sparrow → herbage、yield → flux、image、GIS。

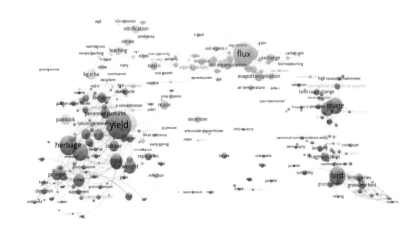

图 4-6　2000—2004 年草原生态环境监测与信息服务体系领域 SCI 论文技术热点分布

2005—2009 年，草原生态环境监测与信息服务体系领域中热点研究集中在：herbage、dry matter、protein、cow、ryegrass，但 GIS、map 等的发文量没有显著增长（图 4-7）。在此时间段，随时间变化，研究热点的变迁显示为：sparrow、nitrate leaching → herbage、ryegrass → residual effect、carcass。

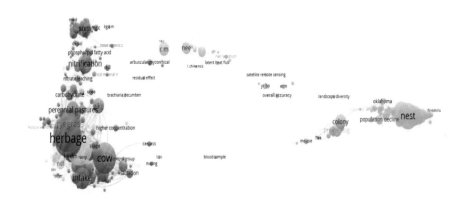

图 4-7　2005—2009 年草原生态环境监测与信息服务体系领域 SCI 论文技术热点分布

2010—2014 年，草原生态环境监测与信息服务体系领域中热点研究集中在：soil organic carbon、dry matter、cow、protein、CH_4、intake、grassland bird，其中，发文量明显增长的为 CH_4（图 4-8）。在此时间段，随时间变

化，研究热点的变迁显示为：replication → dry matter、soil organic carbon、CH₄ → soil bacterial community。

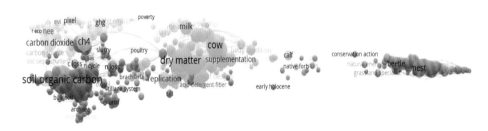

图 4-8　2010—2014 年草原生态环境监测与信息服务体系领域 SCI 论文技术热点分布

2015—2019 年，草原生态环境监测与信息服务体系领域中热点研究集中在：emission、respiration、cow、protein、dry matter、production system，其中，发文量明显增长的为 emission（图 4-9）。在此时间段，随时间变化，研究热点的变迁显示为：environmental impact、intake → emission、respiration → alpine steppe、stoichiometry → grass ecosystem productivity、dominant grass species。（但同样因为 2018—2019 年数据库收录滞后的因素影响，此时间段的发文数量及研究分布表现会有偏差。）

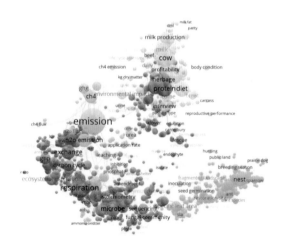

图 4-9　2015—2019 年草原生态环境监测与信息服务体系领域 SCI 论文技术热点分布

利用 DDA 的自相关功能，根据 24 721 篇论文中出现频率最高的前

100 个关键词，可以制作关键词自相关图谱（图 4-10），从而反映论文所关注的技术点。图中圆圈大小代表该技术点出现频次的多少，连线粗细代表该技术点与其他技术点之间的关联强度，线越粗，表示关联强度越高。从图中可以看出，草原生态环境监测与信息服务体系领域 SCI 论文中，出现频次最高的技术点为：diversity，包含该技术点的论文共 5 135 篇。与该词共同出现在同一篇论文中的技术点排在前 4 位的有：community（1 771 篇）、grassland（1 471 篇）、vegetation（1 093 篇）和 management（1 083 篇）。从图中还可看出，与其他技术点关联最广泛的词有 2 个：第 1 个技术点为 diversity，其与 11 个技术点相关联，强度最高的为 community（3 542 篇）和 species（1 563 篇）；第 2 个技术点为 carbon（3 872 篇），同样与其他 11 个技术点相关联，其中与 respiration（643 篇）的强度最高。

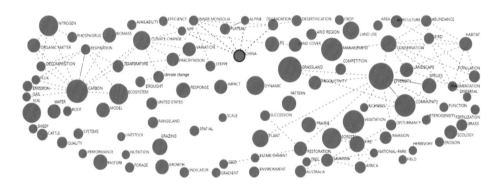

图 4-10　草原生态环境监测与信息服务体系领域 SCI 论文技术点及相关性情况

第二节

基于专利文献态势分析

本节讨论的对象是草原生态环境监测与信息服务体系领域在国内外发

表的专利文献。本节将重点分析草原生态环境监测与信息服务体系领域国内外技术态势发展情况，并对科研人员重点关心的技术热点进行了简要分析。从专利角度，通过国内外技术发展情况进行分析评价，以便更好地掌握国内研究优势方向和不足，为深入进行战略规划等提供参考。

一、数据来源与分析方法

本部分内容所检索到的国内外文献来自以专利数据来源于德温特世界专利索引（Derwent World Patents Index，DWPI）专利检索平台。将DWPI（1963 年至今）中超过 50 个专利发布机构索引的高附加值专利信息与 DWPI（1973 年至今）中索引的专利引用信息进行组配，涵盖 6 100 万个专利记录和 2 830 万个同族专利（此数据截至 2015 年 5 月），并且包含指向所引用以及施引的专利、所引用的论文以及全文专利数据来源的链接。检索日期为 2020 年 2 月 14 日，检索范围为 1963 年至今，经专家筛选后符合本研究检索条件的专利申请数量为 1 654 件、1 125 项。

本次分析采用科睿唯安（Clarivate Analytics，原汤森路透公司）的专业数据分析工具（Derwent Data Analyzer，DDA）和 Web of Science 平台的引用分析功能。DDA 是一个具有强大分析功能的文本挖掘软件，可以对文本数据进行多角度的数据挖掘和可视化的全景分析，还能够帮助情报人员从大量的专利文献或科技文献中发现竞争情报和技术情报，为洞察科学技术的发展趋势、发现行业出现的新兴技术、寻找合作伙伴、确定研究战略和发展方向提供有价值的依据。

随着科学技术的发展，专利技术的国际交流日益频繁。人们欲使其一项新发明技术获得多国专利保护，就必须将其发明创造向多个国家申请专利，由此产生了一组内容相同或基本相同的文件出版物，称一个专利家族。专利家族可分为狭义专利家族和广义专利家族 2 类。广义专利家族指一件专利后续衍生的所有不同的专利申请，即同一技术创造后续所衍生的其他发明，加上相关专利在其他国家所申请的专利组合。本节所述专利家族是指广义专利家族。此外，本部分内容涉及的专利家族均来自德温特世界专利索引中的 Derwent 专利家族，一条记录代表一项专利家族。在研究中，对"项"和"件"做了区分。由于本研究所采用的德温特世界专利索引中记录是以家族为单位进行组织的，一个专利家族代表了一"项"专利技术，如果该项专利技术在多个国家提交申请，则一项专利对应多"件"专利。在本节中，整体分析中以"项"为单位，文中也对"项"和"件"做了区分，特在此说明。

二、草原生态环境监测与信息服务体系专利态势分析

截至 2020 年 2 月 14 日，全球草原生态环境监测与信息服务体系领域专利总量为 1 125 项，中国专利总量为 804 项。图 4-11 为草原生态环境监测与信息服务体系领域全球专利和中国专利总量随年代而变化的情况，其中年份按整个专利家族的最早优先权年进行统计。考虑到专利从申请到公开的时滞（最长达 30 个月，其中包括 12 个月优先权期限和 18 个月公开期限），2017—2019 年的专利数量与实际不一致，并未检索到 2019 年公开的全部专利数据，因此不能完全代表这 3 年的申请趋势。本书其余章节的专利数量统计数据也是如此，不再赘述。

全球草原生态环境监测与信息服务体系领域相关的最早 1 项专利出现于 1969 年，是由 Akhmatov Vladimir Ivanovich 和 Leushin Sergej Georgievich 申请的 SU516379A "Pasture fencing with supports connected by horizontal bars consists of hinged sections on skids for easier movement"。该专利内容提及了 1 种便于移动的牧场围栏。1970—2002 年，该技术发展缓慢，年均专利申请数量不到 10 项；2003—2011 年，专利数量呈折线型增长态势，由 11 项增至 20 项；2012 年，专利数量出现较大幅度增长，达到 40 项，为 2011 年 20 项的 2 倍；截至 2018 年，除了 2014 年年专利数量出现下降以外，其余年份专利数量均呈稳步上升的态势，并在 2018 年达到最高值 243 项；2019 年为 115 项。

中国专利数量变化趋势与全球同步，并且增长迅速。1999 年，中国拥

有了第 1 项草原生态环境监测与信息服务体系领域专利，专利标题为"森林草原火灾预警系统"，申请人为强祖基，发明人为强祖基和强军。2000—2004 年，中国专利数量仅为 2 项，2005 年增至 11 项；随后 3 年（2006—2008 年）的专利数量重新降为 10 项以下；2009—2011 年专利数量为 10～20 项；2012 年开始，除个别年份外，专利数量稳步上升，并于 2017 年接近 150 项，达到 148 项；中国专利数量高峰年为 2018 年，专利数量为 224 项；2019 年为 110 项。

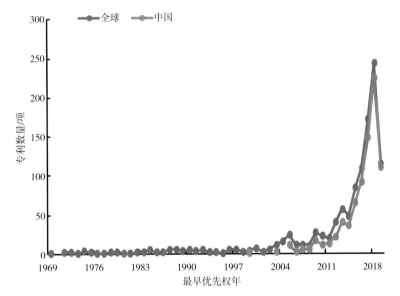

图 4-11　草原生态环境监测与信息服务体系领域全球和中国专利数量年代趋势

　　图 4-12 为草原生态环境监测与信息服务体系领域全球专利的来源国家或地区分布，该数据在一定程度上反映了技术的来源地。全球草原生态环境监测与信息服务体系领域专利来自 30 个国家或地区，可以看出，专利数量最多的前 10 位的来源国家或地区依次是：中国、俄罗斯、美国、苏联、日本、德国、韩国、新西兰、荷兰和澳大利亚。前 10 位的国家或地区的专利申请总量为 1 070 项，占全部专利的 95.11 %。从全球看，中国专利数量最多，并且占有绝对优势。中国专利数量为 804 项，为第 2 位俄罗斯的 10.72 倍，在全球专利总量中占比为 71.47 %。

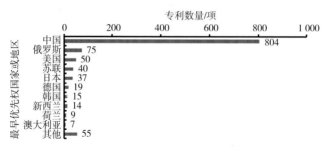

图 4-12　草原生态环境监测与信息服务体系领域专利前 10 位的来源国家或地区对比

图 4-13 列出了草原生态环境监测与信息服务体系领域前 5 位的国家的专利申请趋势，对比可看出，中国专利在 1999—2004 年仅有 3 项，2005 年是 1 个拐点，增长至 11 项，之后虽有回落，但整体呈增长态势；从 2008 年开始，中国专利数量开始大于其余 4 个国家或地区的专利数量之和，并在 2018 年达到高峰，2018 年专利数量为 224 项。苏联是该领域最早产出专利的国家，专利产出时间为 1969—1992 年，一直比较平稳发展，最高值出现在 1985 年，为 5 项；1991 年 12 月 25 日，苏联正式解体，俄罗斯继承了苏联主要的综合国力和国际地位；俄罗斯最早 1 项专利出现在 1992 年，其专利数量虽然较少，但 1992 年之后一直保持平稳，最高年份为 2014 年，专利数量为 11 项。美国最早 1 项专利出现在 1975 年，1976—1991 年仅有 1 项专利，1992 年开始有零星专利产出，专利数量最高值出现在 2015 年，为 7 项，之后出现下降，2018 年专利数量回升至 5 项。日本最早 1 项专利出现在 1983 年，1984—1996 年仅有 1 项专利，1997 年开始有零星专利产出，专利数量最高值出现在 2017 年，为 4 项。值得关注的是，2018 年中国的专利数量为 210 项，俄罗斯为 2 项，美国和日本均为 0 项。

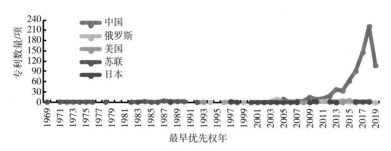

图 4-13　草原生态环境监测与信息服务体系领域前 5 位的来源国家或地区专利数量年代趋势

重要专利权人分析主要是分析领域专利权人的专利产出数量，从而遴选出主要的专利权人，以此作为后续多维组合分析、评价的基础。通过对清洗后的专利权人分析，得到草原生态环境监测与信息服务体系领域专利数量前 10 位的主要专利权人及其专利数量。从图 4-14 可以看出，排在前 10 位的 11 家主要专利权人有 9 家来自中国，另外 2 家分别是俄罗斯科学院和陶氏益农公司，分别位列第 3 位和第 8 位。中国的 9 家专利权人中，大学有 5 家，科研机构有 3 家，企业有 1 家。来自中国的专利权人在数量方面占有绝对优势，有 15 家，占比达到 88.24 ％。2 家国外专利权人分别是俄罗斯科学院和陶氏益农公司。中国的专利权人则主要来自大学或是科研机构，其中 8 家为大学，5 家为科研机构，2 家为企业。

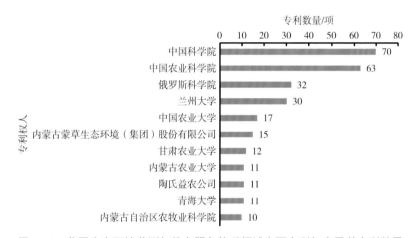

图 4-14　草原生态环境监测与信息服务体系领域主要专利权人及其专利数量

专利时间长度反映出专利权人对该领域专利研究的可持续性。俄罗斯科学院在领域的专利时间长度在所有专利权人中排在第 1 位，专利区间为 1988—2017 年；中国专利权人中，中国农业科学院和东北师范大学的专利时间长度最长，均为 2005—2019 年。近 3 年记录比率可以反映出专利权人近期对该领域专利研究的热度。中国有 2 家专利权人是近 3 年才开始在该领域进行研究，青海大学和翔升（上海）电子技术有限公司均是从 2017 年开始相关研究，近 3 年记录比率均为 100 ％，但青海大学的研究一直持续到 2019 年，翔升（上海）电子技术有限公司则仅在 2017 年产出相关专利。除此以外，中国专利权人的近 3 年记录比率相对较高，比率为 20 ％ ～ 93 ％，最高为内蒙古蒙草生态环境（集团）股份有限公司，为 93 ％，其次为内蒙古自治区农牧业科学院，为 90 ％。可见，国外专利权人近期在该领域内的投入减少，而中国仍有较高的研究热情。

图 4-15 为草原生态环境监测与信息服务体系领域主要专利权人的专利数量年代趋势。从中可以看出各机构的起步时间和发展趋势。可以看出，2009 年专利权人和专利数量均开始增长，2009—2019 年为主要申请阶段。其中，中国科学院、中国农业科学院、兰州大学 3 家机构专利申请的可持续性较好，分别自 2009 年、2011 年、2012 年起每年均有专利产出，并且最高值分别出现在 2018 年、2018 年、2017 年，由此推断 3 家机构在草原生态环境监测与信息服务体系领域开始持续发力，研究能力不断增强；俄罗斯科学院是前 10 位的专利权人中最早产出专利的机构，2001 年之后各年专利数量相对稳定；其他专利权人年度专利数量分布不均衡，如内蒙古蒙草生态环境（集团）股份有限公司仅有 2 年（2016 年和 2018 年）产出专利，主要集中在 2018 年，达到 14 项。

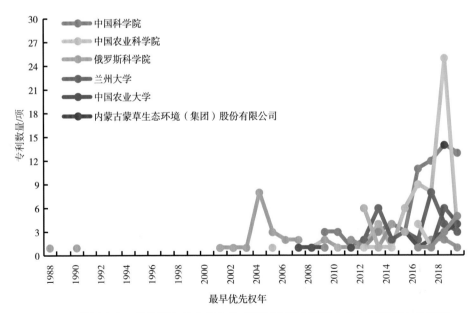

图 4-15　草原生态环境监测与信息服务体系领域主要专利权人的专利数量年代趋势

全球草原生态环境监测与信息服务体系领域专利发生转让和许可的数量较少，仅为 172 件。在前 10 位专利权人的全部专利中，从发生过专利转让和专利许可的数量分布可以看出，专利转让中，陶氏益农公司转让数量最多，为 13 件；内蒙古蒙草生态环境（集团）股份有限公司、甘肃农业大学和内蒙古农业大学各有 2 件专利转让；兰州大学有 1 件专利转让。专利许可中，仅中国科学院有 2 件，俄罗斯科学院有 1 件。

图 4-16 显示了全球草原生态环境监测与信息服务体系领域专利前 15 位专利权人的合作情况。从中可以看出，中国农业科学院与中国科学院、内蒙古农业大学各有 2 项专利合作，与新疆维吾尔自治区畜牧科学院有 1 项专利合作；内蒙古农业大学除了与中国农业科学院有 2 项合作，还与内蒙古大学有 2 项专利合作。

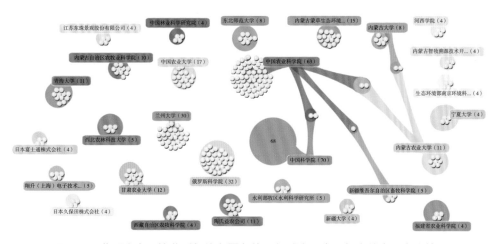

图 4-16　草原生态环境监测与信息服务体系领域主要专利权人的专利合作情况

三、草原生态环境监测与信息服务体系技术点分析

图 4-17 是利用 Innography 对草原生态环境监测与信息服务体系领域专利进行聚类得到主题聚类图。该图反映了草原生态环境监测与信息服务体系领域专利的主要关注热点。领域关注的主题可以划分为 6 大主题，排在前 3 位的分别是实时（real time，专利数量 135 件）、草种（grass seeds,

专利数量 124 件）和畜牧业（animal husbandry，专利数量 173 件）；紧随其后的是牧草（grass forage，专利数量 60 件）、农业可受盐（agriculturally acceptable salt，专利数量 73 件）和杂草控制（weed control，专利数量 52 件）。在二级主题中，排在前 3 位的主题均来自农业可受盐主题，分别是协同除草剂（synergistic herbicidal）、协同除草效应（synergistic herbicidal effect）、控制不良植被（controlling undesirable vegetation），其专利数量分别是 56 件、40 件、39 件。

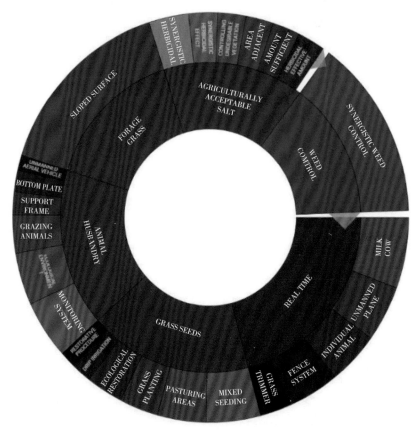

图 4-17　草原生态环境监测与信息服务体系领域专利技术主题聚类

利用草原生态环境监测与信息服务体系领域专利中的德温特手工代码，采用 DDA 软件制作自相关图谱，可以分析该领域内专利技术点之间的相关性。

图 4-18 为草原生态环境监测与信息服务体系领域专利德温特手工代

码前 50 位的自相关图谱。其中，连接线的粗细代表技术代码之间联系的紧密程度，即有多少专利申请时这些技术代码同时出现的次数，同时出现次数多技术代码联系更紧密，线更粗；圆圈大小代表涉及该技术代码的专利数量（项为单位）。C04-A09（涉及一般植物或其他生物中生物碱）和 C04-A98（涉及草药中的生物碱）之间的关系强度最高。可以得出，一般植物或其他生物中生物碱方面的专利与草药中生物碱之间的专利关系紧密。P13-E03（涉及种植的谷类和草种类）的专利数量最多，为 114 项，且与其他 4 个专利代码中的专利相关，这是申请的重点领域。可以得出，有关种植的谷物和草种类的专利数量最多。排在第 2 位的 P11-B01（涉及土壤施肥）的专利数量为 77 项专利，与其他 7 个专利代码中的专利相关，与 P13-E03 二者之间也互相关联，且它们有共同相关的专利 P11-E03（涉及耕作谷类和草）。可以得出，有关种植的谷物和草种类、耕作谷物和草与土壤施肥的专利联系较多，且涉及的领域较广。C14-S18（涉及农药药物组合）中的专利数量为 62 项，虽然不是最多的，但是确实与其他专利代码联系最多，与 9 个专利代码均有关联，说明这个专利涉及的领域较广。可以得出，农药药物组合与其他专利之间的联系最广。

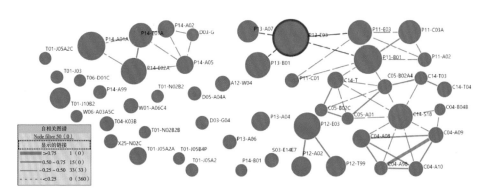

图 4-18 草原生态环境监测与信息服务体系领域专利德温特手工代码自相关图谱

第五章

中国草原生态环境监测与信息服务体系现状需求分析

技术应用现状

　　草原是中国陆地面积最大的生态系统，承担着生态安全屏障的重要作用。"十三五"以来，随着"供给侧改革""种植业结构调整""粮改饲"等政策实施力度加大，中国农业结构也处于向"粮＋经＋饲＋草"的四元结构调整的关键过程，因此，草原在中国畜牧业生产、社会经济及人民生活中发挥着越来越突出的作用。受到全球气候变化和人类活动的影响，草原退化日益严重，荒漠化加剧，草原景观破碎化严重，植被覆盖度、草原生物多样性明显下降，草原生态环境的承载力和恢复力不断削弱。同时，当前各种自然灾害如沙尘暴、旱灾、雪灾、火灾日趋严重，这些现象严重制约中国畜牧业生产的稳定发展，也对中国国土生态安全构成了严重威胁。在欧洲许多国家，草畜业产值占农业总产值的比例都在1/2以上，如果忽视草原的生态效益，不仅会造成环境破坏，还会威胁到草产业的发展基础；但是一味地牺牲经济利益甚至放弃草业的发展，就无法实现草原可持续高效利用。因此，在新的时期里，要高度重视草原环境质量保护，采取有效措施，促进草原环境质量的提升。草原生态环境监测与信息服务体系就是针对草原生态系统变化情况的观测、评价和预测的一套完整技术体系，为正确评估和预测人类行为对生态系统的干扰程度提供理论依据，促进人类提高自我的环保意识、合理利用草原资源、保护草原生态[21]。

　　现在，国际草原生态环境监测和信息服务体系建设，已经开始以数字化管理技术为切入点，实现网络化、空间化、智能控制为主的全面信息化阶段，能够提供系统的数字信息和实用的数字化产品。例如，发达国家将气象卫星资料用于草原植被遥感监测，计算特定区域的归一化差值植被指数，实现对草原生产力和草原面积的实时监测；加拿大和美国的学者也利用遥感技术手段进行草原生物量监测预报与草原资源退化监测，为草原资源的合理利用和调控提供科学依据。澳大利亚也推动了遥感技术监测在草原动态变化和草原火灾预警方面的发展，对草原资源动态、草原环境健康状况进行实时监测与评价，加强对草原资源时空动态变化的分析和非生物灾害监测预警，及时采取有效措施，保护草原，减缓草原退化，实现草原资源可持续利用[22]。除了在生产、生态环境方面的监测研究外，以新西兰和澳大利亚为代表的国家也将计算机技术和对地观测技术结合起来，发展出具有预警和管理决策的信息服务系统。例如，澳大利亚开发的 BEEFMAN 和 GRAZPLAN，分别为家畜饲养管理和温带牧场整体规划提供了有效方案；新西兰的"农场系统"实现了土地肥力测定、动物接种疫苗、草场建设及饲料质量分析等多种服务；美国的 SPUR 在草原生态和利用问题上提出了不同区域、不同草原资源类型的针对性解决方案，增强了信息服务系统的完整性，DAFOSYM 和 GRASIM 解决了奶牛饲养问题和不同方面管理策略问题，提供了多种草畜管理模式，这些服务都在草原资源环境监测的基础上深化了监测产品对草原经营管理的作用和效益，对完善草原信息服务体系和推动草原畜牧业现代化、产业化进程具有重要意义。

近年来，草原生态环境监测与信息服务体系的研究受到国内科研院校和学者的高度关注，通过大量文献检索分析发现，草原生态环境监测研究从 2000 年以来就受到各方关注，信息服务体系在近 5 年热度极高，研究热度逐年增加。从研究地区热度密度分布来看，北方草原和高山草甸的研究热度高，尤其是内蒙古、甘肃、青海和西藏等环境敏感地区，其他区域的热度总体较低。关键热点，也从植被、生态系统、生物多样性，强调草原资源监测技术的发展，到后期出现保护、管理、预警、景观、生境、生态系统服务，关注草原整体生态环境变化与人类活动息息相关的如草原灾害监测及预警、草原健康评价技术等。同时，随着生态文明建设的不断深入，对生态监测评估和预警的要求越来越高，任务越来越重，现代化的科学技术手段的重要性日益凸显，针对草原的科学研究开始强调尺度转换、信息筛选，环境保护模式。相比之下，受到基础数据不足、技术条件不完备的影响，中国的草原生态环境监测仍然存在较多不足，在环境监测信息获取、传递、处理、存储、利用等多个环节衔接不完善，尚未形成完整的产业链。信息服务体系的建设和数字化监测管理技术处于初始阶段，同类研究滞后于国际同行业技术发展水平。目前，中国仍处在草原生态环境监测规范化和信息服务体系的研究积累阶段，在实用技术产品开发和产品级的技术研发方面空缺明显。

第二节

存在的突出问题

　　针对中国当前生态环境监测方面的工作，本书作者发起了一项面对社会大众、管理人员和行业专家等不同层面受访者的问卷调研，分别对中国草原生态环境状况、导致草原变化的因素以及所需要的应对措施进行了调研。本次调研共回收有效问卷 904 份，其中来自全网普调的问卷 526 份，来自草原管理部门问卷 320 份，业内专家学者提供问卷 58 份。问卷调研结果表明，大部分受访者（58 ％）认为，近年来，中国草原生态环境还在变差。对于变差的原因，超过 2/3 的受访者认为对草原的过度利用（79 ％）和缺乏草原生态环境监测管理（69 ％）这 2 个问题较为突出。在应对措施方面，开展草原修复（83 ％）和加强监测管理（71 ％）这 2 种方式呼声最高。但同时开展生态移民工程（63 ％）、加大相关领域投入（58 ％）和完善信息服务（52 ％）这 3 种举措也得到了超过半数受访者的支持。

　　为深入探究草原生态环境监测中面临的各种问题，针对不同类型用户、不同层级和不同区域对象，开展实地调研与问卷调查，明确草原生态环境监测与信息技术应用现状、技术需求。通过调研发现，中国目前存在着草原资源管理欠专业、草原资源底数不清、破坏严重、退化问题突出、科技成果转化率低、数据共享机制不完善等问题，无疑需要反思每一环节的问题（图 5-1）。

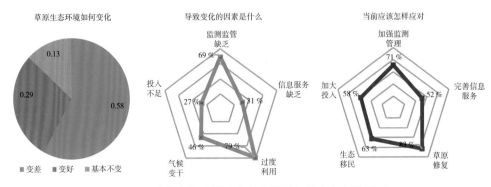

图 5-1　当前中国草原生态环境监测保护中存在的问题

第一，在数据感知上的不足。一方面是草原技术水平薄弱，现有的草原生态环境监测工作多以 3S 技术为基础，将地面监测和遥感方法相结合。地面监测受时间、地域的局限性较大，不能充分结合草原类型、草原面积、草原自然灾害等实际问题进行具体应用，在与遥感技术连接与集成的过程中，容易出现准确性和精度方面接合度不高的问题。除了和人工监测数据的融合问题，遥感数据本身也有较多关键性的科学问题有待探讨和研究。以热红外遥感在草原旱灾监测中的应用为例，旱情监测需要全天候长时间序列的数据，而云覆盖对热红外地表温度反演的范围和精度都有很大影响，造成热红外遥感数据产品的价值和实用意义大打折扣；遥感影像反演的地表温度值各像元间的 LST 因太阳高度角、成像时间、纬度和数字高程模型不同而具有不可比性，降低草原旱情遥感监测精度；热红外遥感影像的空间分辨率较低，地表异构性热红外遥感影像的像元中会带有大量的非同温混合像元，它在时空特性上的局限严重制约了不同尺度的草原旱情监测，导致不同时空尺度测量的同一区域、同一时段地表关键参数存在明显的时空差异，降低了热红外遥感反演产品的实际应用价值。传感器技术也是进行草原生态环境监测的关键技术之一，大量的气候、土壤、水文等多种类型的数据都是通过物理传感器进行实时采集，例如温度传感器、湿度传感器、光照强度传感器、二氧化碳浓度传感器等应用广泛的传感器，基本依赖于国外进口，价格较高，推广使用难度大；传感器基于单功能设计，功能集成较弱，容易产生大量冗余数据，加大了数据传输压力；单一功能的传感器性能易受到环境因素的干扰，产生大量误差数据。

另一方面是监测体系不健全，草原固定监测点建设落后，草原生态环境监测评价指标体系不统一。中国仅有 23 个省（自治区、直辖市）担任草原监测任务，17 个省（自治区、直辖市）发布草原全年监测报告，500 多个县开展草原监测工作，国家级固定监测点仅有 162 个，承担草原监测任务的约 5 000 人，草原监测机构设置和人员配置较为薄弱（机构小、人员少）监测工作条件缺乏保障（监测设施装备简陋、投入少、交通工具不完备、监测仪器设备落后），难以满足繁重的草原生态环境监测的工作需要。缺乏合理的草原生态环境监测评价标准，各地区开展了大量的区域性草原生态环境监测评价研究，但是在评价方法和评价指标上无法匹配中国草原环境的整体宏观评价，这些现有的草原生态环境监测指标无法进行区域迁移，或者评价指标的易获性差，日常工作中获取难度大，真正按照标准进行监测工作不易，并且难以用于生产和管理决策；这类型的草原生态环境监测通常带有监测范围小、研究周期短、缺乏系统的动态研究，不能满足开展周期性监测评价的需求，很难为草原管理决策和评价政策效益提供准确、及时的数据。结合问卷调研的结果可知，在针对草原生态环境监测频率方面，全国有 80.9% 的区域进行了 5 年以上的连续监测，但是剩余地区对草原生态环境监测的关注较少，甚至有约 7% 的地区才刚刚开始进行连续监测；在监测的执行情况方面，能够做到实时监测的区域占比 35.8%，每年 1 次、看情况而定的地区占比很高。值得欣慰的是，3/4 的区域都做到了按照标准监测，仍有少部分区域处于随机监测的状态，草原生态环境的数据监测质量仍需把控。可见，提供规范化的监测标准，能够很大程度上提高数据质量、数据可用性，未来不仅要努力制定规范化的标准，也要督促各级草原监测机构严格按照标准进行，进一步解决在数据获取方面的问题。

第二，监测机构职能弱化。中国的草原资源保护的管理机制不健全。

全国仍有大部分地区没有建立省级草原监理机构，地、县级草原监理机构数量分别占全国地（市）、县（区、市）总数的 36 % 和 22 %，并且存在着地区间发展差距大、不均衡问题突出，县级以上的草原监理机构集中在北方草原地区，而南方大多数省（自治区、直辖市）草原监理机构建设严重落后。相应的草原监督管理机构人员少，中国草原面积大、分布广泛，草原地区通信条件普遍较差。据统计，全国县级以上草原执法人员仅有 7 000 多人，平均每人需要管理 5.3 万多 hm^2 草原，在草原监理体系最健全的内蒙古锡林郭勒盟也是 3.3 万多 hm^2 草原才有 1 名草原执法人员。草原管理主体队伍整体素质偏低，在全国草原监理人员中，具有本科学历的仅占 22.7 %。从草原监理人员的专业看，草原专业的占 25.9 %，法律专业的占 4.9 %。缺乏从学校、研究机构和政府机关的三向流动人才梯队，缺少草原生态环境监测和信息服务体系研究更新的团队建设人才，法律属于高附加值的专业技能，而草原生态环境监测管理相对附加值低，具备这 2 项技能的复合型人才较少，不能满足草原管理的需求。草原管理标准不明确，除了《中华人民共和国草原法》一部单一法律之外，相应配套的具体法律不充分、不明确。多方面因素造成草原监测机构职能弱化，草原行政管理体制力量薄弱、职能分散。同时，国家对草原生态环境监测事业的支持上存在的主要问题就是专项资金缺乏，以及没有提供足够的专项岗位，这 2 个方面的不足也是中国草原生态环境监测机构职能弱化的重要因素；在对现有监测能力的调查研究上，各级工作者均认为强化草原监测机构的职能需要做到多方面协调、统一，在国家政策支持、资金保障、草原生态环境监测人才及完善的草原生态环境监测体系方面都要加强。

第三，在数据传输上的不足。数据的完整性和实时性有待提高。中国草原生态环境监测数据量大、数据种类丰富，但是数字化资源总量不足，同时还存在数据不完整、数据实时性不足等情况，阻碍了数据的进一步挖掘和分析，降低了草原生态环境监测数据的实用价值。在无线传感器网络研究方面，由于草原特有的生态环境特征，其分布面积范围广、野外环境恶劣等因素，都增加了系统布设、软硬件长期不间断监测的难度，迫切需要解决无线传感器的安全、成本、能耗、移动性管理、节点大规模部署等问题。调查研究也指出，草原生态环境监测中面临的植被生长周期短且变化迅速等问题突出，必须将远程遥感监测与地面的物联网监测技术相结合，面对广阔的草原和复杂的野外环境，只有不断推动草原固定监测点的建设，加强重点区域地面观测站建设和传输，保证数据传输中的安全及数据的完整性。

第四，在数据分析上，草原生态环境监测方面的数据分析和处理能力有待提高。大量且类型多变的监测数据在分析处理过程中，精确地捕捉和分析关键数据，发挥有效信息的真正价值，这都需要借助专业的分析工具和强大的技术支持，充分体现监测数据的价值。随着对地观测技术的飞速发展，遥感数据也呈现爆发式增长，具有容量大、难辨识、多维度和非平稳的特征，应该挖掘遥感数据中隐含的草原生态信息，利用遥感数据的智能分析和数据挖掘来解决对地观测的问题。但是，时空数据挖掘的难度大，数据更新频繁，数据存储、数据库建设要求高，这使得遥感数据在数据的多维不确定性、非线性关系及多元数据融合方面的问题更加突出。此外，地理信息系统凭借其强大的数据管理和数据分析功能成为目前草原生态环境监测中最大的地理信息数据库之一。它所呈现的丰富的地理信息数据有利于监测人员直观查询、分析与统计可视化数据，可以提升草原生态环境监测结果真实性，分析被监测区域的地理信息特点；与遥感技术结合，形成各种专题图，为正确决策提供依据，在草原生态发展规划和地理资源的管理以及灾害的预测和预警方面都具有不可替代的作用。基于计算机模拟模型分析草原生态环境监测数据，分析潜在的数据规律，构造出环境参数和目标参数之间的定量关系，用于支撑草原生态环境的预测、预警、管理决策等。例如，以多元线性回归模型和 Logistic 回归模型为代表的统计模型，综合分析多种变量的关系来得到目标变量的表达函数，广泛应用到生物量预测、病虫害预测方面。以 DNDC、CENTURY、BEPS 等为代表的过程模型，从机理出发对生态系统的生物物理过程进行模拟，能够实现从植物器官、个体尺度、冠层尺度和景观、区域尺度乃至全球尺度对草原生态环境的动态监测和预测，具有更确切的预测效果和可行性。但是，中国在模型算法的研究方面仍存在较多不足，现有的模型应用集中在模型引进和参数本地化2个方面，缺乏自主开发模型，不能完全适应中国不同类型的草原生态环境模拟。在数据分析过程中，考虑到地理学和生态学现象在空间分布上的复杂性和不均匀性，遥感影像反演和生态建模过程都面临着参数的尺度转换问题，不同时空尺度的转换不是单纯的模型参数的移植和扩展，而是综合分析不同尺度上的草原生态和过程的性质受到相应尺度的约束，具有不同的阈值和约束体系；因此，可以明确的是，尺度转换问题贯穿在整个草原生态环境监测和信息服务系统建设的各个环节，在数据分析过程中，依然要将尺度转换作为关键技术进一步探究[23]。

调查结果显示，草原生态环境监测相关从业者一致认为，如何充分挖掘草原监测数据的价值，提高利用效率，结合其他数据类型，建立相关模型，获取不同级别的数据产品，将极大促进草原科学管理和可持续利用。

第五，在数据应用上，草原生态环境监测结果应用不广泛，未能实现常态化。在"数据—方法—产品—应用"的转化上不连贯，相关配套技术成熟度低。按照草原生态环境监测标准，各个野外生态试验站统一开展监测工作，获得了包括草原资源、草原生产力、草原利用、天然草原和人工草原产草量、草原火灾、草原鼠灾、草原旱灾等多种情况统计，进行简单的汇总分析，相应的监测数据应用领域范围小；且大部分监测成果存放在各个生态站数据库中，并未进行成果应用推广，因此，很难深入挖掘监测数据的潜在价值，不能将监测信息转化成现实成果。例如，多数情况下，仅仅完成了对草原灾害监测程度的分类和频数分析，没有结合实际生产管理将监测结果运用在草原灾害预警中。此外，中国草原生态环境监测获取的常规观测数据，存在一定的产品单一、精度不高的问题。据统计，2016年以来，草原生态环境监测和信息服务体系方面的专利申请数量大大增加，在专利来源国家和专利受理国家中，中国都具有绝对的数量优势，但是中国的科技成果转化率却远低于欧美发达国家，仅有20%，最终能够实现产业结合的仅占5%，大部分科技成果处于闲置状态，未能在草原生态环境监督管理中发挥重要作用；同时，存在大量的草原生态环境信息服务产品在小范围内应用，由各个高校、科研单位的研发团队自主使用，没有对外开放使用权限。结合当前情况，解决中国科学技术、专利转化滞后的问题就需要建立产学研合作的长效机制，科学研究和专利申请不能为了研究而研究，未来应该以市场需求为导向，建立配套的专利转化服务机制。

调查研究分别从生态、生产、信息服务 3 个方面分析了草原生态环境监测在数据应用方面的问题。在生态方面，各级从业者将关注重点放在土地利用、多样性及荒漠化等定量化监测与评价问题上；在生产方面，草畜平衡问题突出，但草畜平衡评价指导软硬件缺乏，使得数据的可用性没有被充分发挥出来；在信息服务方面，各级从业者关注最多的问题是灾害防治预报，其次是畜牧业服务，可以看到在数据应用上，科学研究仅集中在某些方面，没有兼顾生产应用的各个环节。甚至有部分从业人员提出草原生态环境监测应该保持其公益性，不应该进行产业化，对于相关产业链的发展和推动缺乏正确的认知，因此，很难实现数据应用的效益最大化。

第三节

需求分析

针对中国草原生态环境监测与信息服务体系的发展现状和突出问题，进行了技术发展、政策支持等多个方面的需求分析。通过 320 份问卷对当前 8 个省份的草原生态、环境和资源利用领域的管理部门、科研机构、大型企业等人员进行草原生态环境监测技术需求分析问卷调研。调研结果显示，当前中国对于草原生态环境监测方面的技术需求表现出如下特点。

首先，对于长期高频次连续监测方面技术的需求较大，如图 5-2 所示，320 份问卷的受访者所在区域，有 80 ％以上的区域已经进行了 5 年以上连续监测，而在监测频率方面，实时监测的比率能达到 36 %，另外 7 % 的地区能够每月监测，仍有 45 % 的地区监测频率只能维持在每年 1 次或监测频率视情况而定。因此，加强长序列、高频次连续监测的技术研发和相关人员培训仍是目前需要开展的重要工作。

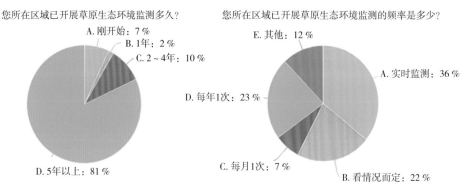

您所在区域已开展草原生态环境监测多久？

A.刚开始：7 %
B.1年：2 %
C.2～4年：10 %
D.每年1次：23 %
D.5年以上：81 %

您所在区域已开展草原生态环境监测的频率是多少？

E.其他：12 %
A.实时监测：36 %
C.每月1次：7 %
B.看情况而定：22 %

图 5-2　对于受访者所在区域草原生态环境监测情况调研结果

在草原生态环境监测技术的规范标准化方面，调研结果如图 5-3 所示。调研结果表明，大约有 63 % 的地区草原生态环境监测工作可以按照标准开展，但仍有 37 % 的区域尚未完成草原生态环境监测方法技术标准化的工作，因此，加强中国草原生态环境建设方法技术的规范化、标准化建设也是目前相关领域科技研发、管理部门和一线工作人员的现实需求。

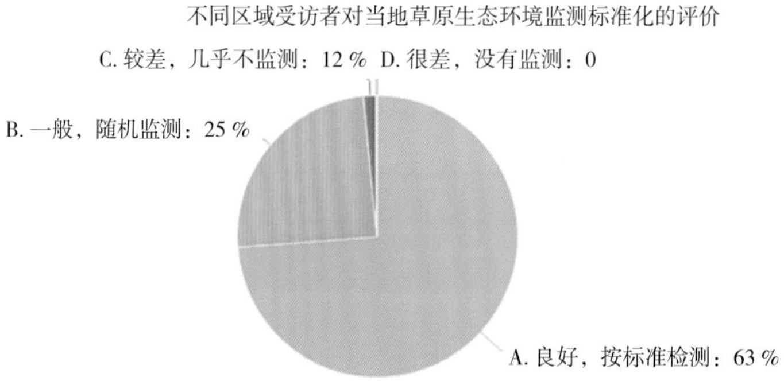

不同区域受访者对当地草原生态环境监测标准化的评价

C.较差，几乎不监测：12 % D.很差，没有监测：0

B.一般，随机监测：25 %

A.良好，按标准检测：63 %

图 5-3　不同区域受访者对当地草原生态环境监测标准化的评价

基于调研结果，应该将推动草原固定监测点建设作为草原生态环境监测体系的突破口，各省（自治区，直辖市）要认真组织开展固定监测点建设工作，确保固定监测点选址科学、建设规范。按需增加国家级草原固定监测点数量，不断优化固定监测点网络布局，扩大监测范围。草原生态环境监测评价是一项长期而系统的工程，草原灾害监测预警、草原健康评价及草原决策管理均包含一系列复杂的因素，如生物、土壤、水分、气象、其他因素等，所以建立中长期监测评价机制，做好草原生态环境监测，是加大科学研究、有效防控灾害、保护草原生态环境的基础，分析草原生态环境变化规律，准确、定量分析数据，摸清草原资源和草原生态环境质量动态变化过程和机制，确保草原生态系统良性循环，进行草原灾害区划研究，建立草原健康状况，对草原生态环境质量加强防控，建立草原灾害监测预警平台，从制度上出发，建立三位一体的预警平台，实现国家、省、市、县各层级草原生态环境监测标准化、规范化、统一化，国家保证草原生态环境常规监测和重点区域综合监测，每3～5年完成1轮。全国草原生态环境全面监测，每10～15年完成1次，不仅要实现全国草原生态环境变化的实时监测，还要定期发布监测成果，预防草原生态环境质量恶化，改善退化草原的生态环境，促进草原生态系统生态效益和经济效益的全面提升，实现草原资源可持续利用。

　　本调研对受访者在草原生态保护、畜牧生产和信息服务3个方面的草原监测技术需求进行了调研（图5-4）。对于生态保护方面，受访者对草原监测技术的需求主要集中在对土地利用（43％）、生物多样性（33％）和荒漠化（21％）三大问题的监测上，主要表现为针对草原生态问题缺乏有效准确的定量监测和评价方法。对于畜牧生产方面，受访者认为加强草畜平衡方面的草原生态环境监测技术研发和推广的需求远高于对草原承载力（24％）和生产力监测方面（24％），此外只有8％的受访者认为对草原物候方面的监测技术需求高于其他方面。这也反映出当前对于草原草畜平衡监测评价建设方面软硬件研发尚待加强的问题。对于信息服务方面，有55％的受访者认为灾害防治预报技术是当前最需要的草原生态环境监测技术。此外，对于畜牧业服务方面的信息服务需求也较高（30％）。相对而言，较少的受访者对于测产（10％）和墒情预报（5％）方面信息服务的需求较为迫切。

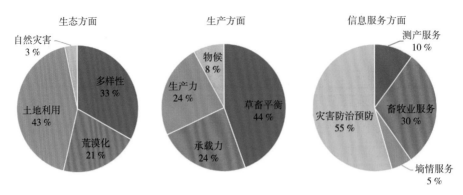

图 5-4　受访者对于草原生态环境监测在生态、生产和信息服务方面的需求

在问卷调研中，受访者对提高中国草原生态环境监测水平最为重要的工作任务也给出了不同的看法（图 5-5）。总体而言，受访者对于国家政策支持、资金保障、人才队伍建设和完善的监测体系 4 个方面的认识较为均衡，选择比率总体差异不大。但是同时也需要看到，来自管理部门的受访者表现出对于 4 个方面要素的重要性的全面注重。而基层工作人员则有侧重地选择对自己实际工作有帮助的因素。这一结果表明，中国在开展草原生态环境监测体系建设工作中，需要结合基层的实际情况，因地制宜地针对基层的实际需要开展相关工作。

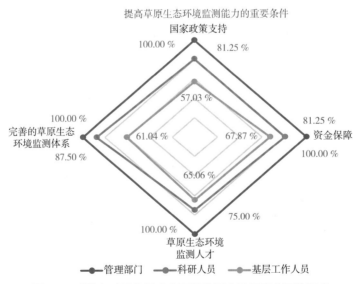

图 5-5　受访者对于草原生态环境监测水平提高方面的需求

完善的政策保障是草原生态环境监测和信息服务体系规范化、产业化的重要支撑，中国草原生态环境信息服务体系的建设仍处于起步阶段，在政府层面获得相应的政策支持措施至关重要（图 5-6）。对于国家政策支持方面的看法，49 % 的受访者认为当前最需要国家专项资金支持相关工作的开展。加大资金投入和相关资金补贴政策，由于观念原因，人们对草原生态环境管理和利用缺乏足够的重视，并且由于草原生态区域性和个性化特点，草原资源管理和信息服务无法单纯地进行复制。因此，监管、保护等实施成本高、市场利润低。需要相关部门加强对技术研发、产业化管理的相关机构给予政策性资金补贴，降低边远地区草原站互联网接入费用和移动通信、数据传输费用等。

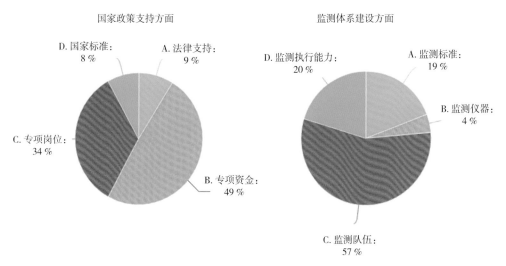

图 5-6　受访者对于草原生态环境监测建设方面的需求

其次，34 % 的受访者认为通过增加解决专项岗位，建立一支职能完善的监测人才队伍，构建完整的监测体系也是非常重要的。加强政府支持，设置合理的机构，配套健全的法律法规，切实履行各级草原监测工作职能。除了中央政府，各省、市、县也应设置相应的部门，负责草原环境监督、管理，并根据各地不同的自然条件和人文条件进行合理的开发和管理；实现自上而下各级草原管理部门的通力合作，保障草原资源可持续利用。

法律支持也是国家政策支持中必不可少的内容。《中华人民共和国草原法》中明确规定了草原的总体规划，但是要想保证规划的顺利实施，仅仅依靠一部《中华人民共和国草原法》的规定去约束非法行为，保护草原，力度远远不足。应该在此基础上进一步修改和完善《中华人民共和国草原法》及相关法律规范，并针对不同区域、不同用途的草原资源制定特色的管理规范，建立健全有效的草原监督管理机制，配套部门规划及具体实施中的规定或标准及奖惩措施，保证立法完整、有效力。统筹各类政府资源，基于草原行业从业者相关政府资源支持，围绕草原资源管理和利用实施重大项目工程，加强草原资源环境监测和信息服务系统关键技术研究与应用示范，总结经验，建立可复制、可推广的模式。

在加强技术标准和管理制度的建设方面，需要依托科研单位、团体和组织，加快建立包括数据标准、产品标准、市场准入标准等的通用标准，积极推动国家和行业标准的建设，建立国家和行业认可的第三方产品、技术监测平台，推动从"数据—方法—产品—应用"的转化。在管理制度上，要因地制宜地允许不同草原资源保护措施，如草原围栏、适度放牧、适度过火、保护原生植被等。目前，中国主要还是以草原围栏为主，一味地进行围封、禁牧，不能充分地发挥草原资源的价值，还需要加强科技扶持，根据不同地域、不同环境，借鉴国际先进管理办法，丰富草原管理措施。

除国家政策保障外，着力完善草原生态环境监测体系，推动草原固定监测点建设，建立中长期监测评价机制，也是当前迫切需要开展的工作。对于草原生态环境监测体系建设来说，大部分受访者（57％）认为监测队伍建设是最重要的工作。此外，提高监测执行能力（20％）和建立完善的监测标准（19％）也是较为重要的工作。只有4％的受访者对草原生态环境监测仪器开发、推广和应用的需求较为迫切。因此，需要从国家层面上将草原生态环境监测体系作为工作的重要方面，完善草原生态环境监测体系，努力建成机构健全、装备精良、技术规范、队伍精干、保障有力、运转高效的草原生态环境监测体系。

对于草原生态环境监测人员所需要具备的能力（图5-7），本调研给出了 4 个选项，分别是仪器操作能力、计划制定和执行能力、监测的统计分析能力、草原生态环境知识。不同部门受访者的看法并不一致，来自管理部门的受访者普遍认为草原监测人员需要具备较为全面的素质。而来自科研和监测一线的受访者则对监测的统计分析能力、草原生态环境知识这 2 种能力更为看重，大约只有 1/2 的受访者注重开展仪器操作、计划制定和执行方面的能力提升培训。

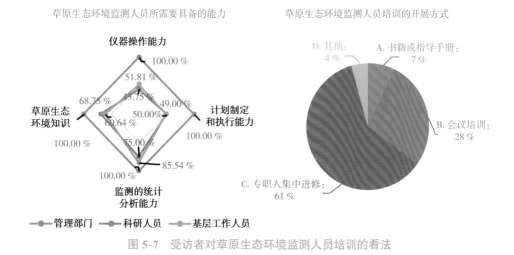

图 5-7　受访者对草原生态环境监测人员培训的看法

加强人才队伍建设，提高从业人员专业性，培养草业和信息多学科交叉的人才，建议教育机构在高校研究生课程中开设关于草原信息服务体系的相关课程，鼓励信息领域人才进入草原领域开展相关科学研究与应用推广；建立激励机制，努力营造吸引高精尖人才的良好环境，积极引进相关管理人才，实施人才跨越式发展战略，并通过招录专业人才，补充现有人才库；积极组织学术、技术培训，建设懂专业知识、会技术的草原生态环境监督推广队伍。

全面提升草原生态环境监测技术水平，一方面，应该保障所有从业人员的监测技术水平达到要求，各级均应保证草原生态环境监测技术培训班的定期开展，邀请草原生态环境监测专家进行技术理论授课，详细讲解关于如何提升做好监测工作、监测方法选择与优化以及如何选取和归并草原监测点等实用性知识。要求各地草原生态环境监测技术人员及骨干参加学习，并组织他们进行实地操作演练，结合监测过程中遇到的疑难问题以及薄弱环节进行重点剖析，加快研究统一的、规范的、科学的遥感与地面技术相结合的数据分析模型，不断推进监测方法创新和推广应用，提高监测方法的适用性和科学性，保证所有草原生态环境监测人员都具备基础的专业知识，掌握先进的技术手段。

另一方面，推动中国在草原生态环境监测方面的基础科学研究发展，进行关键技术创新研究必不可少。创新开发集多功能一体的国产传感器，实现实时、动态、连续的信息感知，加强传感器的采集精度和抗干扰能力。建立协调一致的物联网标准、监测硬件的技术标准，优化数据传输方法，在保证数据安全的情况下，实现稳定、高效传输。理论技术研究不应该只关注在数据采集上，综合考虑草原信息服务系统的各个环节，加强对数据处理、深度挖掘的研究，突出云计算、大数据技术、数据融合、数据存储、数据挖掘等数据处理环节的重要性，实现互联网、物联网、大数据的深度融合。同时，实现草原信息服务系统的优化，还要强调决策、管理方面的研究。现有的研究多集中在关键技术的突破方面，对于决策和管理模式的探讨较少。作为草原生态环节和资源的长期性过程，如何实现优化管理模式的迁移，又保证各地区、各类型草原因地制宜，能够获得适合本区域的管理、决策方案，在之后的技术研究中，应该增加对于草原信息服务体系的决策、管理模式的研究及推广模式的应用研究。

第六章

中国草原生态环境监测与信息服务体系建设典型案例分析

案例一：原农业部草原监理中心

一、基本情况

原农业部草原监理中心于 2003 年 4 月成立，2018 年 3 月由于机构改革并入国家林业和草原局草原管理司。原农业部草原监理中心从职能上依法承担全国草原保护的执法工作；负责查处破坏草原的重大案件；负责对地方草原监理工作的指导、协调；负责草原法律、法规的宣传和全国草原监理系统的人员培训。协助有关部门协调和处理跨地区的草原所有权、使用权争议。组织协调、指导、监督全国草畜平衡工作，拟定草原载畜量标准，组织核定草原载畜量。组织编制全国草原资源与动态监测规划和年度计划；组织、协调、指导全国草原面积、生产能力、生态环境状况及草原保护与建设效益的监测、测报；组织国家级草原资源与生态监测和预警体系的建设、管理工作；组织编制草原资源与生态监测报告；承担全国草原资源调查和普查工作。组织、协调、指导、监督全国草原防火及其他草原自然灾害预警和防灾、减灾工作，承担原农业部草原防火指挥部办公室的日常工作。受原农业部委托承办草原野生植物资源保护和合理开发利用工作，承办草原自然保护区的管理工作。受委托组织草原保护和建设项目执行情况的监督检查工作。

二、关键技术应用

（一）草原面积监测技术

草原类型面积是草原资源监测的基础，主要是对草原不同地类的类型、面积、分布和动态变化情况进行监测，定期提供各地类面积现状、分布格局及动态变化数据集图像资料。主要采用草原资源外业调查、不同草原类型地面解译标志建立和室内遥感解译相结合的方法开展，具体遥感技术为目视解译、监督分类、非监督分类和决策树模型等综合应用，解译完成后对照地面调查数据或更高分辨率遥感数据进行结果的精度评价。

（二）草原生产力监测技术

适时监测不同季节草原植被长势、产草量及其空间变化趋势，是草原资源监测的基本任务之一。草原植被长势主要采用全遥感的手段，构建归一化长势模型，动态监测与上年和常年相比草原在整个生长季节的生长状况。受水热为主导因子的环境条件限制，草原产草量随季节而发生变化，生产力具有时效性，主要以单位面积产草量和可食牧草产量为主要监测指标。在草原植被生长旺季，采用地面和遥感相结合的方法，通过获取外业调查产量数据，研究建立产草量和遥感植被指数，以及草原生态环境各要素的相关关系模型，监测全国草原生产力。

（三）草原利用状况监测技术

在掌握草原生产力动态变化规律的基础上，采用遥感技术结合地面调查以及畜牧业统计数据的方法，构建草畜平衡指数模型，及时监测不同行政单元的合理载畜量，并根据实际载畜状况，估算天然草原不同区域的草畜平衡状况，定期发布草畜平衡状况报告。

（四）草原生态状况监测技术

草原生态状况监测技术，主要是在地面解译标志建立的基础上，构建草原退化、沙漠化和盐碱化的评价指标体系，并采用监督分类、非监督分类、决策树、混合像元分解、模型构建等方法，获取不同时期草原退化、沙漠化和盐碱化的空间分布、面积和程度，及时掌握草原生态情况和变化趋势，并揭示草原生态问题产生的主要原因，为草原合理利用、人工改良和生态恢复提供技术支撑。

（五）草原自然灾害监测技术

草原自然灾害监测内容主要包括草原火灾、雪灾、旱灾、鼠虫灾害等，及时掌握草原自然灾害发生的面积、程度和时间，评估灾害的损失情况并选择抗灾救灾的技术方案。在草原防火季节，利用遥感手段全天候监测草原火情发生的时间、位置、过火面积及预判火势蔓延趋势。雪灾主要依据其时空分布特点，利用光学数据和微波遥感数据，监测雪灾发生的区域、雪层厚度、面积、程度等雪情指标，并结合草情和畜情指标，进行草原雪灾综合评估。旱情主要依据草原水分供应情况和植被生长状况，结合遥感植被指数，构建旱情指数模型，监测旱灾发生的地面、范围和灾情。鼠虫害监测主要采用地面调查和遥感结合的方法，监测鼠虫害发生的地点、范围、面积和灾情，并结合相关因素对其发展趋势进行预测。

（六）草原生态工程效益监测技术

随着国家对草原保护和建设投入的加大，草原工程效益的监测越来越重要。及时、准确掌握草原生态保护和建设工程的类别、面积、分布以及监测工程区的生态、经济和社会效益情况，对工程效益进行综合评价，是提高工程质量和综合效益的重要内容。技术方法上主要采用工程区内外对比法，以及与工程实施前或不同实施阶段的比较法，来开展工程效益监测评价。

三、应用效果

（一）草原动态监测预警工作成效显著

及时掌握草原生产动态，在草原牧草关键生长期开展动态监测，是草原监测工作增强服务效能的重要手段。随着监测手段和监测服务意识的增强，草原动态监测越来越密集、越来越及时，为全国各地及时安排草原生产管理、畜牧业生产、应急救灾等发挥了重要信息支撑和技术指导作用。近年来，每年早春期间，农业农村部开展全国草原返青形势分析预估；4—5月开展草原返青监测；6—8月牧草生长季节，每月定期开展草原长势监测。特殊气象条件下，开展冬、春、夏季北方草原旱情跟踪监测。每个草原生长的关键时段和敏感时期，都及时向上级提交监测动态信息，多次被《农业部信息》、国务院《每日要情》采纳使用。一些地区根据本级政府和草原管理工作需要，积极开展草原动态监测工作探索。内蒙古连续几年开展关键期监测分析，定期发布 5 月草情、7 月草情监测报告，及时公布 33 个牧业旗天然草原冷季可食牧草储量及适宜载畜量，指导畜牧业生产和草原奖补政策落实。新疆 2011 年组织开展了全疆 13 个地州 70 个县冷季放牧场牧草存储量监测工作，提交了冷季放牧场载畜能力参考意见，为指导各地及时安排牲畜出栏、合理存栏发挥了重要作用。

（二）国家级草原固定监测点建设持续推进

国家级草原固定监测点是全国草原监测工作的一个重要基础环节。2011 年，农业部办公厅《关于在退牧还草工程区建立草原监测点的通知》（农办计〔2011〕105 号）文件，确定在 2011 年退牧还草工程中安排近 2 000 万元支持建设 90 个固定监测点，在 2012 年安排剩余退牧还草工程县的固定监测点建设。为了固定监测点建设工作顺利实施，农业部起草编制《国家级草原固定监测点场地设施建设设计方案》，指导各地按统一要求进行场地施工，保证工程质量；起草编制《国家级草原固定监测点管理运行规范（试行）》，指导各地建立固定监测点管理制度；起草《国家级草原固定监测点监测工作业务手册》，指导各地按照统一技术要求，持续定期开展动态监测业务工作。同时，农业部开发了国家级固定监测点数据管理系统，建立了信息管理应用平台，进一步完善固定监测网络，以便获得实时监测信息。

（三）信息系统服务建设不断加强

2006 年以来，农业部在草原监测工作中广泛应用 3S 技术、数据库、网络等信息与空间技术，信息化建设取得了重要进展。开发建设了"中国草原网""中国草业网"，网站集成了草原管理信息系统和草原地理信息系统，实现了集监测数据采集管理、动态信息实时发布、草原监测工作展示等于一体的综合网络平台；针对草原地面监测数据多、信息量庞大的状况，先后开发了"草原监测信息报送管理系统"（单机版、网络版）、"草原类型和主要牧草信息系统""草原监测基础数据库录入和管理系统""草原监测空间信息管理与分析系统""草原生态保护与建设工程监测系统""草原蝗虫监测预警系统""草原生物灾害监测与治理信息统计分析系统""草原基础数据统计软件""鼠虫害地面调查 PDA 录入软件"和"工程监测地面调查 PDA 录入软件"等 10 多个专题软件和模块，通过数据汇总、管理、分析等功能的集成，形成了"农业部草原监测信息系统"。同时建立了一支信息管理和服务队伍，提高了草原监测自动化程度，实现了监测数据的实时报送、即时审核，大大提高了地面监测数据的质量和报送效率。

四、主要做法与经验

（一）加强监测体系建设

自 2005 年，草原监测工作常规开展以来，承担全国草原监测任务的省（自治区、直辖市）不断增加，已经由 14 个增加到后来的 23 个，这些省（自治区、直辖市）的草原监测机构承担了地面监测工作。监测范围覆盖了全国 85 % 的草原面积，承担监测任务的县（市、区）由不足 300 个增加到500 多个，大部分草原面积较大的县（市、区）参照全国草原监测工作的技术方法，自主开展了草原监测工作。全国草原监测预警工作主要由各级监理机构或技术推广机构承担，通过统一的全国草原监测工作，各级草原监测机构的工作职能得到强化，监测力量不断增强，草原监测队伍不断壮大。全国县级以上草原监测机构由 300 个增加到 997 个，各级草原监测工作人员由不足 2 000 人增加到 4 000 多人。

（二）完善工作运行机制

经过不断的探索和实践，在工作组织、任务部署、技术培训、数据质量审核把关、数据报送、结果会商、信息报告发布等方面，形成了一整套相对成熟的工作机制，大大提高了草原监测的工作效率，保证了监测工作的质量。工作组织方面，形成了由草原行政管理部门负责，以草原监测工作机构为主体，相关技术单位为支撑，各级草原技术人员广泛参与的草原监测工作机制。工作任务安排部署方面，农业部每年印发全国草原监测实施方案和工作安排，并于每年春季组织召开全国草原监测工作会议，对草原监测工作进行全面部署；各地按照部里的部署和要求，逐级制定工作方案，分解落实工作任务。通过专家、领导双审核，国家、省、市三级审核，以及网络报送的方式，极大地提高了地面监测数据质量和数据报送、管理效率。每年监测结果初步形成后，邀请草原专家和重点牧区监测工作负责同志进行专家会商，大大增加了报告的权威性和科学性。经过近几年草原监测工作的开展，各级草原监测机构的工作职能得到强化，监测力量不断增强，培养锻炼了一支比较壮大的草原监测队伍。

（三）促进草原工作标准化、规范化

2006 年以来农业部先后组织制定了《全国草原资源和生态监测技术规程》（NY/T 1233—2006）、《天然草原等级评定技术规范》（NY/T 1579—2007），组织编制了《全国草原监测技术操作手册》，使全国各级草原监测技术人员能够按照统一的标准和方法开展监测工作。此外，农业部还组织制定了《草原沙化监测技术规程》，组织修订了《天然草原合理载畜量的计算》。

2006 年以来，农业部每年举办全国草原监测技术培训班，邀请知名草原监测专家，就草原类型划分、牧草种类识别、地面监测实用技术、固定监测点常用监测方法、3S 技术应用等方面，对各省（自治区、直辖市）草原监测技术骨干进行培训。同时，各地也组织了不同形式的培训班，大大提高了监测技术人员的工作水平。通过监测业务工作的开展和每年定期举办监测技术培训，草原监测人员的业务能力和水平不断提高，一些同志成长成为草原监测工作的业务骨干和专家，草原监测标准化、规范化水平显著提高。

第二节

案例二：草业和草原科学数据分中心

一、基本情况

科学数据不仅是科技创新、经济发展和国家安全的重要战略资源，也

是政府部门制定政策、进行科学决策的重要依据。中国是世界草原面积第一大国，草原是中国重要的战略资源，为广大边疆牧区提供了最主要的农业生产资料。长期以来，中国草原畜牧业主要依赖天然放牧和传统生产方式进行经营，经济增长主要依靠牲畜数量的增加，草原畜牧业经营粗放、管理相对落后、经济效益偏下，草原资源破坏严重、生态环境恶化等现象较为突出。加之科学研究与技术积累与快速发展的草业产业存在一定差距，科技支撑力度不够，草原畜牧业发展面临着多方面问题的困扰。针对这一重大问题，在"互联网+"、大数据时代及生态文明战略背景下，草业科学数据逐步成为生态建设和实现畜牧业有序经营的重要支撑。草业和草原科学数据库一方面旨在抢救和收集散落的中华人民共和国成立初期重要草原和草业监测数据；另一方面，完善和更新现有数据库，整合国内外最新数据资源，丰富中国草业和草原科学数据库。

草业和草原科学数据库涵盖从牧草物种层次、草原生态系统层次、草业生态背景层次、草业生产经济层次以及草业动态监测等五大主体数据库群。

牧草科学数据库主要来源包括全国范围开展的牧草资源保存与评价、大型牧草科学研究计划产生的系列数据，以及中华人民共和国成立以来公开发表和未发表的牧草品种鉴定、科学实验、生产管理等专题数据。牧草科学数据库调查和收集了各部门各类出版和未出版的牧草信息和资料，包括全国近千家草原站、牧草生产经营单位的生产管理和科学实验数据，90%以上国内公开发表的牧草研究出版物和大量国外文献书籍，200多位从事牧草研究的专家学者的长期研究积累数据。牧草科学数据库提炼、总结牧草科研出版物中的数据信息，完成中国9个草业生态区的牧草信息数据库，内容覆盖了牧草审定品种数据、引进牧草品种数据、牧草适宜性数据、牧草引种试验数据、牧草物候数据、牧草营养价值数据、牧草病虫害数据、牧草图像数据、牧草病虫害防治药物数据、牧草化肥信息数据等20个数据集，包括2 000万条数据记录、7 000万文字，是目前信息量最全面的牧草科学信息库。

草原科学数据产生的主要来源包括全国范围开展的草原资源普查、大型草原科学考察与科研计划、野外台站长期观测产生的系列数据，以及科学家个人执行项目产生的专题数据。草原科学数据库集成近百家草原科学科研单位、百余名专家学者自 20 世纪 60 年代至今的科学数据积累，建成了草原资源普查与生态系统调查数据、典型草原生态系统观测数据、草原资源分布数据、草原动物和植物分类数据、草原普查与调查数据、典型草原生态系统气象观测数据、典型草原生态系统土壤观测数据、典型草原生态系统植被观测数据、草原动植物图像视频数据、草原资源图像数据、草原资源视频数据等 17 个数据集，数据量达到 2 000 万个属性数据、2 万余条原色图像与视频录像数据、500 多幅各区域的大比例尺草原类型与利用图，是目前国内最完善、内容最丰富的草原科学数据库。

草业产业经济数据的主要来源是草业产业发展主要环节产生的数据，包括中华人民共和国成立以来草业市场、草业经济、产业支撑等方面的研究、流通、管理和监测数据，数据库建设涵盖了国内涉及草业生产的县（旗）、草业生产和经营企业等，包括 1978 年以来世界草业经济数据、中国省级草业经济数据、中国县级草业经济数据，1 000 多家牧草和畜牧产品公司的涉草类产品价格与流通数据、牧草产品进出口数据，草坪草品种信息数据、草坪病害数据、草坪虫害数据、草业机械信息数据、草业科研与人才信息数据、草业政策法规和标准数据、草业文献及题录数据等 15 个数据集，数据量达到 1 000 万个，是国家、地方政府、生产管理部门进行草业生产和管理决策的重要信息基础。

草原生态背景数据库收集并加工了草业生产涉及的有关基础地理和生态背景空间数据，包括草原区地形、气候、土壤类型、草原类型等数据，包括 13 个数据库类型、比例尺从 1∶10 万到 1∶400 万的 1 000 多个图层的 TB 级数据。草原地形数据库以国家基础地理信息中心提供的全国 1∶25 万地形数据库和全国 1∶100 万地形数据库为基础，生成了包括草原区行政界线、居民点、水系、道路、铁路、沙漠、高程 7 层数据的数据库。草原土壤数据库在中国 1∶100 万土壤类型数据库的基础上建成了草原生态区分省土壤类型数据库，建立了部分地区大比例尺的土壤类型空间图层[24]。

草原资源数据库完成了中国 1∶400 万和 1∶100 万草原类型空间分布基础数据库的建设，建立了部分区域 1∶50 万或 1∶10 万草原类型、草原等级、草原利用现状等空间图层。草原气候资源数据库完成了草原区各省份气候分布数据库、1961—2015 年逐月气候动态数据库（分辨率 1 km，DEM 校正）。

随着中国加入 WTO，中国草业迅速受到国际同行业关注。摸清中国草业资源动态是中国草业与世界接轨、进行战略防御与有序健康发展的基石。草业动态监测管理信息库收集整理了近 40 年来草原区遥感图像数据，全国和部分地区沙尘暴数据、草原退化或沙化监测数据，1980 年以来天然草原产草量、草原生产力、草原旱情、草原长势等监测信息，包括近 2 万个空间图层、200 万条属性数据，总数据量达到 10 TB 级。这些数据是草原生态保护和恢复、草原改良和建设、草原生产和草畜平衡评价、草原生态系统研究的公共基础。

二、关键技术应用

科学数据共享问题是随着信息时代的到来而愈发凸现的，只有实现不同部门、领域的科学数据共享，才能实现数据的效益最大化。正是由于科学数据的明显资源属性及其在日益激烈的国际竞争中体现的价值，促进了国际科学组织和发达国家对科学数据及其共享服务的关注。1966 年全球最大的科技数据国际学术组织国际科学数据委员会（CODATA）成立，其宗旨是推动科技数据应用、发展数据科学、促进科学研究、造福人类社会。美国是科学数据共享的倡导者，先后发布了《全球变化研究数据管理政策声明》《开放数据政策》等，欧盟出台了《数据库法律保护指令》、英国《布加勒斯特宣言》等，对科学数据的产权归属、共享管理和开发利用进行了明确规定，以保障科学数据活动的有序开展。中国于 2001 年启动了科学数据共享工程，2004 年科学技术部会同 16 部门开始了国家科技基础条件平台建设的试点工作，科学数据共享被作为一项战略选择纳入国家科技基础条件平台建设；2013 年成立国际研究数据联盟，推动全球数据共享研究；2019 年批准了 20 个国家级科学数据共享中心，标志着中国科学数据共享进入一个新的阶段。

草业和草原科学数据分中心在资源信息数据与质量方面，建立了一套相对完善的数据采集与录入规范和方法，按固定时间节点进行采集和测定，保证了观测数据的完整性、连续性和系统性；人工观测数据委托专业技术人员进行采集、分析和统计，人员均经过严格培训且稳定，以确保数据的可靠性；数据入库严格遵照数据质量控制软件自动检查、人工抽检复查二级审核制度，保证了数据的规范性和标准化。

在数据汇交与传输方面，在总中心的统一规范下，整编和保存数据文件档案，建立了质量规范的长期观测数据库、完整的数据管理文档系统，并按期汇交相关数据到总中心，可从草原和草业数据分中心网站（http://grassland.agridata.cn）进行查询和数据共享申请。同时，采用多种形式的备份手段对数据资源进行备份，有力保障了信息共享网络的高速、稳定运行，设定专门管理人员进行有关台站共享数据的整理、访问反馈和数据汇交等任务，保障各项数据资源及时更新和汇交传输共享。

三、应用效果

牧草科学数据库整理了 408 种牧草的生态—生产基本数据及其在不同地区栽培试验数据和视频图像数据，收集了 145 种牧草的生产管理效果试验数据、30 种牧草虫害与 112 种牧草病害的生物生态学数据，生产了 50 个牧草的生态适宜分布和引种咨询图，是开展全国牧草生产栽培、制定人工草原和饲草料基地建设规划、进行人工草原建设、构建现代牧草科学产业技术体系的信息基础；草原科学数据库内容覆盖了中国所有的天然草原类型，其中不同年代农业农村部及各省（自治区、直辖市）组织的草原资源普查数据、13 个定位半定位野外观测台站的长期观测数据，以及抢救的部分草原未发表的科学试验数据，是进行草原生态系统长期动态研究的重要信息来源，是进行中国草原生态系统适应性管理和决策的数据基础。

四、主要做法与经验

数据分中心主要为广大科研人员、生产企业、政府职能部门提供数据支撑，推广方式主要以培训为主，每年不定期开展不同对象、规模的数据库培训工作。同时将数据分中心挂靠在主要草业和草原科学领域的国内外知名网站，加大数据库推广力度，截至 2019 年，网站访问量达到 40 万人次。

第三节

案例三：数字牧场

一、基本情况

20 世纪下半叶草原粗放经营和掠夺式利用，中国天然草原生态退化达 90 % 以上，很大程度上已成为沙尘暴、水土流失与自然灾害的渊薮，碳储量随草原生产力降低、土壤退化而大大降低。沙尘暴、荒漠化、水土流失等生态环境问题，对牧民的生产生活造成了极大影响，直接危及牧区经济社会可持续发展和国家生态安全。草原已不能满足人类社会对其生产力与生态功能极大增长的需求，从而成为中国西部牧区建设全面小康社会的瓶颈。党中央、国务院高度重视草原保护建设工作，"十五"以来实施了一系列草原保护建设政策与工程，包括退牧还草工程、天然草原保护、京津风沙源治理工程及草原生态保护补助奖励机制。退牧还草工程从 2003 年开始实施，截至 2012 年年底，中央财政累计在西藏、内蒙古、新疆、青海、四川、甘肃、宁夏、云南和新疆生产建设兵团等项目区投入资金 175.7 亿元。2010 年国务院通过的《草原生态保护补助奖励机制》，每年投入 136 亿元，促进草原生态恢复、畜牧业发展方式转变和牧民增收。

由于草原生产和生态状况信息难以准确、实时获取，草原生产过程缺乏科学管理和动态调控，草原生产过程和保护建设工程缺乏技术支撑，草原退化形势仍相当严峻。同时，目前中国草业开始由原始生产方式向现代工程建设方式、人工种草发展模式转变，规模化草业处于起步阶段，生产管理中的科技引导对行业发展具有决定性意义。数字技术能够建立从信息采集、动态监测、管理决策到信息传播的技术体系，丰富翔实的基础数据库及数字化决策管理服务系统为草原生产管理优化决策提供科学支撑，对于建立中国现代草业产业技术体系、促进农牧业信息化、科学化和现代化具有重要作用。

国际上牧场监测管理数字技术已经发展到较高水平，且在实际生产中得到应用。20 世纪中叶以来，随着计算机技术、对地观测技术的发展和应用，发达国家现代草业生产体系建立的同时，也发展了完善的草原生产监测与数字化管理系统，大大提高了草原经营管理的水平和效率。国际草原数字化管理技术进入以网络化、空间化、智能控制为主的全面信息化阶段，数据信息越来越系统、数字化产品越来越实用。

中国牧场监测管理数字技术研究尚处于肇始阶段，20 世纪 80 年代以来也开展了草业数字化监测、管理与决策支持研究与应用，但由于技术条件和基础数据等限制，一直没有建立起完整、实用、服务于草原生态和草业生产的数字化监测管理平台和技术体系。与国际同类技术相比差距很大，缺乏自主知识产权的平台技术和产品技术。由于长期以来在生态方面重森林而轻草原，在生产方面重农而轻牧，草业在科学研究和产业发展方面缺乏连续的支持，所以，牧场监测管理数字技术的积累非常薄弱。从草业要素的数字化、草业过程的数字化、草业管理的数字化 3 个方面来看，牧场数字化监测管理技术的基础非常薄弱。

草业要素的数字化方面，草业科学研究产生的大部分数据长期处于分散状态，大量野外调查和试验数据濒临丢失，即使公开发表过的数据由于信息化程度低很难到达生产者和决策者手中，基础数据和研究信息缺乏，导致草业生产管理部门的许多决策失误。可以预见，随着草业产业化的不断发展，草业要素的基础数据信息缺乏对草业的阻碍将更加突出。牧场监测管理数字技术的首要任务，是整合目前分散在各科研机构、产业领域的草业信息化成果，研究和制定草业科学数据共享元数据标准、通用数据模型和关键技术标准，初步构建草业科学数据共享平台，形成适用于科学研究、生产决策的草业数据共享平台，促进中国农业信息化和草业产业化进程。

草原监测管理的数字化是牧场数字技术最关键的部分，是决策支持系统研究的核心技术。数学模型是草业过程表达、管理决策的主要技术，其模拟的对象是草业系统中各种要素（事物的、环境的、经济的）属性及其相互关系的动态规律。认识、掌握和利用这些规律并应用于草业生产经济发展，不但能够为保障国家生态安全、食物安全提供动态信息，同时为中国草业研究与国际资源环境领域接轨奠定技术基础。

牧场监测管理数字技术是现阶段提高中国草业经营效率、长远地保持草原畜牧业可持续发展的技术保障。今后中国牧场监测管理数字技术发展的战略目标是充分利用后发优势，以草业数字信息标准及基础数据库、草原生物—环境信息获取与解析技术、草业过程数字模型与系统仿真技术、人工草原数字化设计技术、草业数字化管理技术、草业数字化控制技术等内容为突破口，力争在草业数字技术重大技术、重大系统、重大产品上取得突破，逐步建立中国草业数字技术体系、应用体系和运行管理体系，全面推进中国现代草业信息化进程。通过草业数字技术推动现代草业建设，实现经济与生态双赢的草原可持续生产，发挥草原作为绿色屏障的生态功能，体现草原作为后备食物资源的生产功能，促进东、中、西协调发展，促进西部地区生产和生态协调发展，是把中国广大草原区建设成为社会、自然、经济协调发展、适合人类生存环境的关键。

二、关键技术应用

数字牧场在遥感技术、"互联网 +"、云计算等新兴信息技术及其理论指导下，紧密结合当前主流信息技术、草原管理专业理论的最新进展，将先进的理论和技术应用到中国草业产业化发展和生产实践中，揭示草原生产各环节关键科学问题，探索草原数字化监测和管理关键技术，提炼出中国现代牧场监测管理数字技术理论与技术框架。数字牧场基本框架可归纳为草原数据与信息、核心理论与技术、应用与示范 3 个层面的内容。

三、应用效果

中国农业科学院农业资源与农业区划研究所相关课题组经过多年的科技攻关，创新了以草原关键参数反演算法为核心的牧场高精度监测理论，研发了牧场信息快速获取、草畜生产精准监测等关键技术，突破了当前中国牧场监测精度低、时效差的技术难题。建立了基于系统动态模型与多源数据同化的草畜生产过程解析机制，研制了牧区草原资源时空配置、草畜生产定量调控等核心技术，实现了草原放牧系统的定量化管理，促进了中国草原优化管理技术快速发展。构建了一套适宜于中国国情的牧场监测管理数字技术平台，建立了高效稳定的牧场监测管理应用服务系统，突破了中国同领域的软硬件产品空白，将中国草原管理与国际同行业的差距缩小了 10～15 年；自 2002 年开始，技术成果逐步应用于广大北方牧区，在甘肃、宁夏、内蒙古等 9 省（自治区）70 多个县（市、区）进行技术示范和辐射推广，服务覆盖北方牧区 90％以上的区域，草原畜牧业生产效率增加 10％～20％，通过增收节支提高经济效益 10％～15％，并产生了重大的社会效益和生态效益。

四、主要做法与经验

紧紧围绕困扰中国牧区生产和管理决策中"监测精度低、管理效果差、应用产品缺乏"的主要问题，以"理论创新—技术突破—应用服务"的主线，生产了一系列牧场管理决策系统成果，为中国草牧业升级转型、牧民增收、生态安全提供了科学依据，进一步推动了信息产业在牧区的加速增长，提供新的经济增长点，为建设现代化、信息化的新牧区提供技术保障。

在区域尺度上，采取"边研究、边示范、边应用"的模式，与地方政府和科研单位合作，先后在黑龙江、吉林、内蒙古等 14 个省（自治区、直辖市）开展草原生产力监测管理、牧场优化经营管理、放牧系统平衡调控各类技术培训 200 余次，培训技术骨干 2 000 余人次，促进就业人数超过 300 人。为当地草业、畜牧业主管部门针对草原利用规划和畜牧业生产决策提供科学依据。

在企业和农牧民尺度上，科学指导与管理家庭牧场单元的信息服务和业务化应用，减少生产中的决策失误，增加草原产量，节约成本，有效提高生产效益，增加农牧民收入，提升牧区牧场数字化管理水平，对促进建设和谐稳定的新农村具有重要意义，社会效益深远。

第四节　案例四：蒙草集团

蒙草生态环境（集团）股份有限公司（全书简称蒙草集团）经过多年数据积累，已收集植物标本 4 万份、种子 6 296 份、土壤 40 万份；近 50 年气象数据，近 20 年植被类型、盖度、生产力数据，并将其转换成统一的空间分辨率。蒙草生态大数据通过运用 3S、云计算、物联网等技术，结合实地调研，整理收集区域内水、土、气象、植物、动物、微生物等生态本

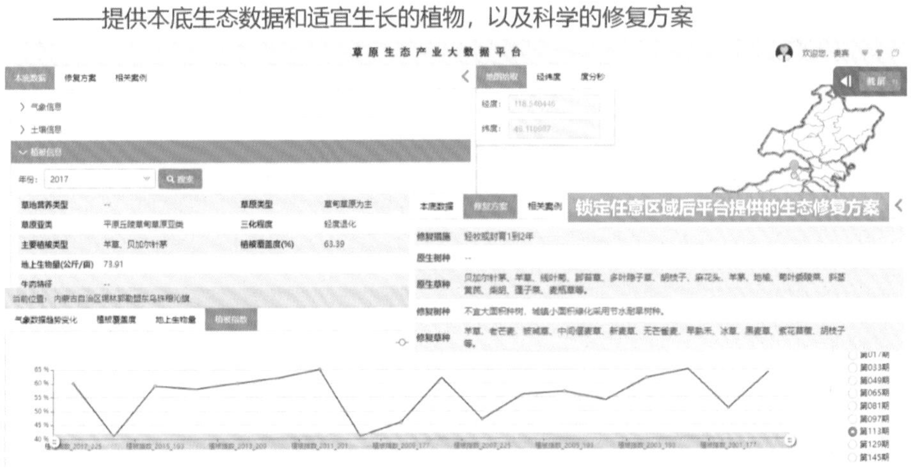
——提供本底生态数据和适宜生长的植物，以及科学的修复方案
草原生态产业大数据平台
锁定任意区域后平台提供的生态修复方案

图 6-1　蒙草集团草原生态产业大数据平台

底数据，并结合生态管理实践，建立分析模型，精准指导生态保护与修复，科学指导产业结构布局，优化引导大众生产生活，用"大数据"实现"大生态""大产业""大民生"的互通互联，可实现全域精准定位、查询点位生态本底数据信息并给出管理建议。

一、乌拉盖草原生态肉牛产业智慧平台

针对乌拉盖草原生态现状和畜牧业生产实际以及政府对草原资源的管理与监督评价等方面的需求，乌拉盖草原生态肉牛产业智慧平台旨在建设一整套 GIS 等系统整合而成的草原肉牛养殖管理数据系统，指导养殖户（场、合作社）转变生产方式，提高草原科学利用与精准饲养水平，为大力发展乌拉盖地区绿色、有机和地理标志的草畜产品打基础。主要开发功能如下。

（一）动态草畜平衡

利用高分辨率遥感影像，建立打草场、放牧场自动识别模型，监测放牧草场、打草场草原生产力，结合家畜数量、饲喂状况等基本生产经营情况，动态核算各牧户合理家畜数量，提出合理的家畜饲养规模。综合植被盖度、产量、多样性等指标，建立不同草原类型的生态阈值，对每一牧户放牧方案进行动态管理，准确测算利用强度，提前估算养殖量是否超过变动警戒线，自动推送牧户放牧停止及恢复时间的通知。

（二）精准饲喂

通过大数据平台监测获取草原资源数据，根据不同草场牧草的检测化验结果，分析优势草种的营养成分，根据牧草中营养元素丰缺状况，按不同生长阶段牲畜的营养需求合理配制日粮饲草，并将"测草配方"产生的数据进行平台集成管理，实现饲草数据追溯，指导牲畜精细化喂养管理，提高养殖的高效高能。

二、河南蒙古族自治县三江源生态大数据平台

河南蒙古族自治县三江源生态大数据平台的建设旨在帮助改善生态环境，加强生态保护、监测以及修复，使河南蒙古族自治县生态资源得到合理的保护与利用，主要开发了黑土滩分布自动识别、修复方案推荐、鼠虫害预警等功能。

（一）黑土滩治理技术体系

利用 AI 技术识别黑土滩分布及等级，结合植物生长特征数据，给出相应的治理措施。同时，对整个修复周期内项目区域植被盖度、长势、产量等关键指标跟踪监测，实时反映生态修复进度及效果。根据不同退化程度，结合土壤、植被、地形、气候等因素建立不同模式的生态修复技术标准体系，并形成可快速推广的修复模式。基于黑土滩边界，通过遥感影像对同期黑土滩区域进行对比，识别并按照统一指标标注退化趋于严重的地区，并给出预警提示。

（二）鼠虫害监测防治技术体系

结合历史调查资料，分析气象、植被等数据，分析已发生鼠害位置，通过无人机对易发生鼠害草原进行飞行拍照，经过多次训练，已实现完全自动识别鼠洞；利用开放手机 APP，牧民、生态管护员及其他人员都可通过文字、语言或图片上报发生位置及数量。结合发生地区及暴发程度推荐适合的防治措施。

（三）火灾监测预警体系

结合气象数据，根据植被及地形分布特征，对火灾、雪灾等灾害建立模型，提前 15 天，并每间隔 1 天更新预测数据，随着时间推移，精度逐渐提高，通过 APP 及网站对易发生灾害地区和类型发出预警，并提出应对措施，评估灾害危害程度，并对处置过程实现全过程跟踪监管。

三、五原县农业大数据平台

根据内蒙古自治区农业发展战略总体规划，结合农业生态现状和农业生产实际需求，围绕智能农牧业数据采集、土地流转管理、牲畜疫病防控、互联网信息服务、专家答疑、农牧科技培训、设施农业管理、新型农业经营主体管理等应用模式，通过农牧业与互联网的深入融合，实现覆盖五原县农牧业生产、防疫、灾害管理全行业链的服务应用体系，建立惠及农牧民、企业的应用机制，提升农牧和科技局社会化服务水平，提质增效，带动五原县的农牧业整体信息化建设。

四、阿鲁科尔沁旗草牧业智慧平台

阿鲁科尔沁旗（以下简称"阿旗"）草牧业智慧平台秉承"为生态体检，为产业导航"的目标，依托云计算、人工智能、3S 技术生产整合当地的水、土、气、人、草、畜等信息，根据阿鲁科尔沁旗草牧业发展战略总体规划，结合阿旗草原生态现状和草牧业生产实际需求，制定阿旗基础地理信息、草牧业数据、草原生态数据等基础业务数据入库、管理、体系和技术标准，完成了草牧业智慧平台及手机 APP 建设。

（一）生态指标监测

生态指标监测中通过遥感对阿旗草原返青、盖度、长势等数据进行监测，同时对沙化草原、盐渍化草原、打草场分布进行分析。其中，草原返青对于牧民禁牧、放牧时间规划具有重要的意义，平台通过遥感对草原返青面积、分布实时监测，为政府制定禁牧、休牧政策提供依据。

（二）人工草原监测

人工草原是阿旗特色的生态产业，平台通过高分辨率遥感（2 m 精度）对阿旗人工草原 6—8 月长势、盖度、产量等进行监测，分析人工草原变化情况，为全旗的人工草原监测和发展提供数据支撑。

第五节

经验总结

通过对以上草原生态环境监测方面的国内成功案例分析，可总结出如下经验，服务于今后的草原生态环境监测体系建设工作。

首先，发展草原生态环境监测与信息服务体系，其核心是数据，以数据为中心，需要重点研究从感知、传输、分析、控制到应用的各个方面。利用各种传感器采集和获取各类草原生态环境信息和数据的过程就是感知阶段，是所有研究的基础；将收集到的数据和信息通过一定方式传输回来进行存储的过程是传输；利用多学科、多手段将获取的数据进行挖掘分析，为草原生态环境的动态变化、灾害预警和管理决策奠定基础，是建立草原信息服务体系的核心；将针对决策系统的控制命令传输到数据感知层，进行草原生态环境管理和草原资源的统筹规划，实现绿色草原可持续发展，是草原管理的重要价值；将现有的科学技术和监测数据产品转变为产品、产业，实现草原生产过程、生产环境、草原灾害及草原资源规划等的智能管理。

其次，完善草原生态环境监测体系、草原监测技术标准和规范建设。各省（自治区、直辖市）要积极按照国家关于草原生态环境监测工作的安排和部署，满足全国统筹考虑，积极建立草原生态环境监测机构，明确监测职责，减少无草原监测机构、无草原监测队伍、无草原监测设施、无经费的状况，积极思考和研究固定监测点监测业务及监测内容，提出具有区域特色、实践性强的方案，不能照搬其他模式，杜绝出现与地方实际不符或难以操作的问题，为促进草原生态环境监测体系不断完善，发挥更大作用。国家层面要保证定期组织草原生态环境监测技术培训，便于全国草原固定监测点统一规范建设、运行和管理。同时进行草原固定监测点方法和内容、草原固定监测点仪器设备的使用、草原固定监测点报送系统等方面知识的详细讲解，确保草原固定监测点建设高质量完成，提升固定监测能力，切实保证草原生态环境监测工作有序进行。

最后，通过灵活创新的工作机制和引入私营、个体资本和技术力量来推进本领域相关成果的推广和应用。特别是要加大不同部门间的合作，建立政府、科研机构和第三方平台间的三向交流机制，由政府机构基于实际工作需求提出科技需求，通过公开招标的形式选择科研机构开展针对性研究工作，由第三方平台推动科研成果的普及和应用。同时，要积极引入非公有企业和牧户参与到科研项目中，以环境保护和畜牧生产中的实际需求为导向，以经济效益为驱动，加快成果转化，使得草原生态环境监测技术发展能够切实地服务于中国草原生态环境保护和草原资源的可持续利用中。

第七章

国外草原生态环境监测与信息服务体系典型案例分析

第一节

澳大利亚

一、澳大利亚草原畜牧业概况

澳大利亚是世界天然草原面积最大的国家，达 4.58 亿 hm²，其中牧场面积占世界牧场总面积的 12.4%，天然草场占国土面积的 55%；草原区主要处于海拔较低的广大平原区，包含热带稀树草原（萨瓦纳）、林地、灌木、草原和荒漠等多个生态系统类型。草原区不仅是大量野生动物的栖息地，而且在采矿业、旅游业、畜牧业方面对于国民经济发展也做出了重要的贡献。澳大利亚地区间降水量差异较大，大部分地区年降水量 300~1 600 mm，以亚热带气候为主，由于草原区内干旱和半干旱地区面积广阔，澳大利亚草原生产力的年际波动较大。

澳大利亚畜牧业是以天然草原资源获取饲草料的放牧型畜牧业，草原利用也同样经历了自然利用—过度放牧、草场退化沙化—草原科学管理和集约放牧的过程，大致分为 20 世纪 30 年代以前的掠夺式经营、20 世纪 30—80 年代边利用边治理改良和 20 世纪 80 年代以后进行可持续管理 3 个阶段。近数十年来经多方努力，过度放牧已逐渐得到控制和改善，对天然草原的利用非常重视，同时加强人工、半人工草原建设，逐步建立起了基于生态维护和经济发展的草原畜牧业可持续管理模式。

在生态保护的基础上，发展草原畜牧业，使草原资源具有经济价值和生态价值二元属性。凡是畜牧业比较发达的国家都是在生态保护的前提下，发展草原畜牧业，协调草原资源的生态效益和经济效益。澳大利亚在保护天然草原并开发人工草原方面实行了非常严格的保护制度并科学地界定了区划范围。

注重开发附加值高的畜产品，增加畜牧业利润；重视畜产品深加工，提高草原畜牧业的附加值和利润。

科技服务促进草原畜牧业的发展，重视科技新成果转化，协会组织架起科学家与牧场经营者之间的桥梁，在加速新科技的产业化应用方面发挥了重要作用。

在政府管理方面，澳大利亚在推行可持续放牧战略时，政府通过减税以及经济补贴来激励农场主执行这项战略。由于受政策的约束与激励，国家在发展草原畜牧业的同时，草原资源得到了很好的利用和保护。

二、澳大利亚草原监测体系

（一）澳大利亚草原监测体系的发展

澳大利亚开展草原监测工作是在 20 世纪 90 年代之前，主要由各个州独立开展。每个州都有相应的主管部门，根据本地区的情况制定监测计划，基本都是以地面调查的方法进行，在其中着重评价放牧对草原的影响。

但是由于每个州在监测中具体的标准不同，没有形成全国性统一的草原监测体系，监测信息不能满足政府决策的需要。联邦政府依据《国家自然资源信托法》于 1997 年成立了澳大利亚国家土地和水资源稽查局，专门负责进行土地和水资源的稽查活动，各州和北部地区向联邦政府呼吁建立全国性的监测数据收集、整理和评估的协调机制。1998 年，国家土地和水资源稽查局提出了全国草原监测工作计划和一系列草原监测项目，并通过各种形式向潜在用户征求草原监测的产品，使监测能反映草原生产力、生物多样性、水资源条件、气候和社会经济等因素的多项指标。2000 年，国家土地和水资源稽查局提议在澳大利亚建立全国性的跨地区、跨部门的综合草原监测系统，并得到了联邦政府的支持，建立了澳大利亚合作牧地信息系统（ACRIS），实现了对全国草原监测数据和相关牧业信息的整合。目前，草原监测已经是澳大利亚全国陆地生态系统监测的一个重要组成部分，成为《政府环境报告》的重要内容之一，并定期发布[25]。

（二）澳大利亚合作牧地信息系统

澳大利亚合作牧地信息系统是由澳大利亚联邦政府相关组织与新南威尔士州、昆士兰州、南澳大利亚州、西澳大利亚州和北方地区的机构共同组成，主要负责资源管理和生物多样性保护的数据库网络系统。各州（区）机构的主要职责是收集草原数据，并不断提高数据的有效性。ACRIS 管理委员会（ACRIS-MC）负责检查各相关单位工作情况，并召集不同工作组协助完成各自领域（如生物多样性、社会经济）的报告，ACRIS 在积极推动数据采集、整理的同时，本身也利用联邦政府的资源（如澳大利亚统计局）开展数据收集工作，并以报告的形式分析国家和不同地区草原的变化（图 7-1）。

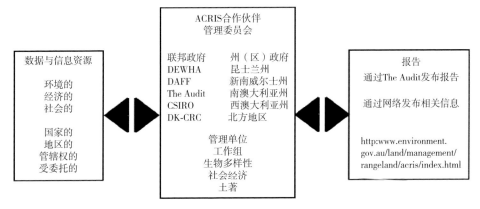

图 7-1　澳大利亚合作牧地信息系统工作框架

注：CSIRO 为澳大利亚联邦科学与工业研究组织；DAFF 为农业、渔业和林业部；DEWHA 为环境、水、自然遗产和艺术部；DK-CRC 为沙漠知识协作研究中心；The Audit 为国家土地和水资源稽查局。

2001 年 ACRIS 发布了题为《Rangelands Tracking Changes》的报告，对于完成全面反映国家草原状况变化报告的所需信息做出了规定。2008 年，ACRIS 发布了题为《Rangelands 2008-Taking the Pulse》的报告，更加全面地反映了 1992—2005 年这段时期内澳大利亚草原状况变化的综合信息，主题包括气候变化、景观功能、可持续管理、总体放牧压力、生物多样性、水资源管理和社会经济等多项内容。

（三）澳大利亚各州草原监测情况

澳大利亚位于南太平洋和印度洋之间，四面环海，是世界上唯一国土覆盖整个大陆的国家，主要由6个州和2个地区构成；其中，新南威尔士州、昆士兰州、南澳大利亚州、西澳大利亚州和北方地区在草原监测方面开展了大量的工作。新南威尔士州：国土和水资源保护部主管草原监测工作，制定了较完整的草原评估计划[26]；昆士兰州：初级产业部（DPI）、自然资源和矿业部（NRM）主管草原监测工作；南澳大利亚州：环境和水资源部主管草原监测工作，并在过去的十多年里，基于土地资源变化和草原承包建立了一套监测系统；西澳大利亚州：在西澳大利亚州，共有8家政府机构参与草原管理，农业部负责草原监测、资源评估和承包监管，建立了西澳大利亚草原监测系统（WARMS）；北方地区：国土规划和环境部主管草原监测工作，监测内容包括国土资源评价（从个人牧场到整个地区）、绘图牧场承包。监测计划包括2个层级，即Tier1（偏重全州范围）和Tier2（偏重特定高原和流域）。

澳大利亚草原监测特点：其一，稳定的投入机制；其二，重视长期固定监测点、照相记录点建设，积累丰富的地面实测数据；其三，监测内容丰富，重视生物多样性、地表土壤状况等生态指标的变化；其四，把草原监测同牧场承包结合，注重监测成果利用；其五，具有较高的草原监测科研水平。

三、澳大利亚在保护生态环境方面的举措

澳大利亚畜牧业发展前期属于盲目扩张以及粗放型，发展方式对草原生态环境的破坏作用大，如草场退化、草场沙漠化等负面影响，自20世纪起，澳大利亚政府开始重视对自然生态环境的保护，主要举措如下。

（一）把生态环境保护纳入国家战略

从20世纪30年代起，联邦政府就出台了一些环境保护政策，提倡在发展经济时注重对环境的保护。20世纪60年代开始制定环境保护法律法规，采取环境保护优先的发展战略。如特别注意对资源的破坏以及草场的退化，

注重对野生动植物资源的保护以及生物多样性保护等。从 20 世纪 90 年代起，澳大利亚政府每 5 年对全国生态环境开展 1 次全面普查，做系统的环境评估。进入 21 世纪，政府制定税收优惠政策，鼓励环保产业的发展。目前，澳大利亚政府已把生态环境保护纳入了国家战略。联邦政府、州政府与市政府之间建立了体系健全的机构和职能，职责明确，分工协作，联邦政府主要从国家层面进行生态环境的统筹规划和综合治理，生态环境建设和保护的主要职责由州政府承担，市政府受州政府的指导和干预，在州政府发展框架下制定和执行本市范围内的环保规划[27]。各级各地政府之间密切合作，制定规划，强化措施，确保政府生态环保职能的履行和生态环保权益的实现。政府的高度重视，为生态环境保护提供了可靠保障[28]。

（二）建构完善的法律体系，依法保护生态环境

澳大利亚是生态环境保护较好的国家之一，归功于完整齐全的生态环境保护的法律条例与规章制度，以及良好的公民生态文明素质。澳大利亚的联邦、州、市三级政府都有相应的法律法规。联邦的环境保护立法有 50 多个，如"环境保护和生物多样性保持法""国家公园和野生生物保护法"等[29]。澳大利亚生态环境保护立法大多以预防为主，每个法律法规的条款规定得非常细，便于掌握，操作性强。比如新南威尔士州的环境保护法律，有 17 章 201 条，加上附件共有约 15 万字。澳大利亚环境保护执法是十分严格的，无论任何个人、企业或政府部门，只要违反了有关环境保护法律法规，都要受到最严厉的查处。工程开发项目如果不符合环境保护的法规要求，就会受到若干处罚。

（三）扩大社会参与，倡导多元治理，提高公民环境保护意识

目前，澳大利亚生态环境管理的方法是管理、经济和自愿性手段的结合，其中在政府、工业和社区组织之间的自愿性措施和协议起主要作用。例如，共同的生态环境管理改善了矿业的环境状况。自愿性计划，诸如温室挑战计划，就为私人部门的广泛参与开辟了道路。另外，澳大利亚生态环境管理办法一方面通过制定环境标准，使公众和决策者能够更好地了解

生态环境状况，并针对最迫切的问题采取有效措施，实现生态可持续发展；另一方面建立良好的生态文明素质与环境保护意识，逐步使公民能自觉遵守各种环境保护的法规条例，将保护生态环境变为他们自觉的行动。例如，澳大利亚现有 17 000 种维管植物（维管植物共 2 万种）；268 种哺乳动物（包括有袋动物）中的 80 % 以上是澳大利亚所特有的，澳大利亚人十分珍惜，博物馆只能收集死亡的动物制作标本，不允许使用活动物。澳大利亚的森林资源比较丰富，政府仍规定只能拾枯树枝作燃料，不许砍伐活树作柴火。公民都能严格遵守规定，决不砍伐树木做燃料。澳大利亚人超强的法律观念与环保意识进一步促进了生态环境的可持续发展。

（四）尊重自然规律，避免过度干扰

澳大利亚注重对野生动植物的保护，注重对自然生态链的维护，注重保护生物多样性，注重对外来物种入侵的防范，注重人与自然的和谐相处。在生态环境保护上按照自然生态链进行环境治理，尊重自然规律，如在再造林、河道修复、植被管护等工程项目中，他们根据不同的土壤环境、气候条件、水文地质和生态系统，选择不同的树种，强调树种和生物的多样性，并模拟自然界植物的生态系统进行整体修复和改造。比如布里斯班市近些年推出了 200 万株造林计划，就是根据不同土壤、水文条件、栽种不同的树种，并形成生物链，以保证造林效果。在维护自然生态性措施方面加强对本土野生动植物资源保护力度，防止外来物种入侵，加强动植物检验检疫标准等。

（五）注重生态环境保护和治理，发展可持续生态畜牧业

畜牧业是澳大利亚的基础产业，政府一直将畜牧业经济的可持续发展放在十分重要的位置，澳大利亚在重视生态环境保护和治理的基础上，结合自身气候优势条件，采取各种有效措施，合理开发、利用、保护资源。例如，澳大利亚发展了饲料草种生产技术、人工草种改良技术等，在有效提高草原资源生产力的同时，走以草兴牧的道路，改善草原生态环境，为草原的可持续利用奠定了良好的基础。

四、中国可借鉴的经验

生态文明重在建设和保护，在生态环境问题上，虽然中国国情与澳大利亚不同，但澳大利亚有很多好的值得借鉴的做法和经验。

（一）从政策大局上转变畜牧业生产方式，保护生态环境

澳大利亚畜牧业经历了从粗放型向集约型转变的发展历程和模式，使生态环境得到进一步改善。结合澳大利亚畜牧业的发展经验和教训，粗放型的畜牧业发展模式取得的经济效益是以破坏草原生态环境为代价，不利于畜牧业长期可持续发展。中国畜牧业的未来发展方向和趋势应以保护草原生态环境和维持生态系统的整体平衡作为畜牧业发展的总体方向，改变传统的粗放型的生产经营方式，注重草原改良和草场资源的优化利用，培育修复退化草原，实现中国畜牧业从粗放型模式向集约型模式的渐进式转变。

（二）提高农牧民生态环境保护意识

近年来，随着国务院 2007 年印发《国务院关于促进畜牧业持续健康发展的意见》等政策法规的逐步建立和实施，中国畜牧业的持续健康稳定发展，有力地保护了中国畜牧业发展所需的资源。但是作为畜牧业发展的主要参与主体，农牧民的行为与意识对于畜牧业的长期持续稳定发展在一定程度上起着重要的影响。目前，中国农牧民的生态环境保护意识依然薄弱，可以借鉴澳大利亚在提高牧民生态环境保护意识的经验，扩大牧民科学文化教育覆盖面，制定行业标准，加强生态环境宣传教育，积极培育畜牧养殖主体的生态环境保护意识。

（三）为畜牧业的可持续发展创造良好的生态环境

澳大利亚的资源合理配置、生态环境的良性循环，不仅对畜牧业，而且对整个经济和社会的发展，都是十分必要的。为了促进畜牧业和农业及农村经济、国民经济的持续发展，必须充分重视生态环境建设，全面推进生态环境建设，为畜牧业可持续发展奠定良好基础。借鉴澳大利亚草原畜牧业高度的分布区域化、生产专业化和经营集约化的特色经验，中国可结

合自身国情，加大集约化饲养，全面实行区域性专业化集约经营，提高牧场劳动生产效率，进一步强化对畜牧业地位、作用的认识，从"建设优质畜产品生产国"和"向畜牧业强国跨越"的高度，形成共识，加快畜牧业的发展。

（四）为草原的可持续发展创造良好的生态环境

草原生态环境的保护与发展需要科学技术的推进，加强草原科技推广，建立产学研紧密结合的产业技术体系，确保中国草原生态环境监测与畜牧业可持续。加强草原生态系统监测信息化建设，建立各地草原详细扎实的基层数据库，实现产学研一体化，形成从实验室研发到实践应用的高效转化。吸纳澳大利亚先进管理经验，创新草原管理模式，推进最小"生态单元"草原精细化管理，完善草原基础数据；合理布局家庭牧场，完善棚舍、围栏、牧道及饮水源等基础设施建设；鼓励农牧民参与式管理。重视农牧民的本土化知识，吸引社会力量参与草原利用与保护，发挥农牧民在草原生态保护中的主体作用；提升和强化草原生态环境管理和草原健康状况监测，及时提供预警服务。

第二节

美国

一、美国草原生态环境及畜牧业概况

美国位于北美洲南部，自然资源丰富，发展农业有着得天独厚的条件。全国土地面积约 937 万 km²，为北温带和亚热带气候，全国大部分地区雨量充沛而且分布比较均匀，平均年降水量 760 mm。美国土地、草原、森林资源拥有量居世界前列，有永久性草原 2.4 亿 hm²，其中 40 % 为国家所

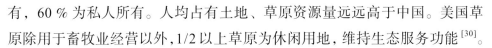

有，60 % 为私人所有。人均占有土地、草原资源量远远高于中国。美国草原除用于畜牧业经营以外，1/2 以上草原为休闲用地，维持生态服务功能[30]。

美国的草原主要分为六大区域。一是落基山脉两侧，从美国北部地区到加拿大南部。该地区属内陆性气候，海拔 2 000 m 左右，寒冷、干燥，牧草生长期 90 天左右，主要为天然禾草草原。二是美国西北部地区，包括华盛顿、俄勒冈 2 个州。该地区平均年降水量 200 ~ 630 mm，气候寒冷，牧草生长期主要在 2—7 月。三是加利福尼亚沿海地区。夏秋温度高，生长期长，平均年降水量 250 ~ 500 mm，主要为人工草原。四是北加利福尼亚草原带。平均年降水量 1 200 mm 以上，主要为天然草原。五是沙漠平原草原。主要包括内华达州等地区，平均年降水量 200 ~ 400 mm，主要为天然草原。六是沿墨西哥湾草原，为亚热带气候，草生长高度 1 m 以上[31]。

二、美国草原监测体系

草原在美国农牧业生产和环境保护中占有重要位置，不仅是畜牧业生产的重要生产资源，更是维持可持续发展的战略性生态资源。为了不断加强草原保护建设，逐步提升草原保护和草原生态持续向好，草原畜牧业生产稳定发展，美国建立并不断完善其草原监测和信息化管理体系。

（一）形成了健全的国家监测台站体系

美国早在 100 年前就已利用国家监测体系（LTAR）开展土地监测工作，这个体系是基于农业生态系统试验站的基础上建立的，目前已经形成了较为完整的土地资源监测和信息化管理的结构体系。美国农业试验站按流域分区，全国分成 18 个区域，分布有 23 个地面试验台站，最早建站是在 1912 年，为 JO 站和 NP 站，监测面积为 800 km² 左右，拥有近 100 年连续的固定监测点的数据。美国国家监测体系由联邦政府统一管理，提供资金用于技术人员开支和技术设备的配置，监测试验站主要负责数据收集、整理、上传，最终上传给美国农业部。主要采用地面调查和遥感进行监测，内容涉及气象信息、生产力信息、地面生态环境监测信息（包括牧草高度、草原植被盖度、草原植被多样性、枯落物量、土壤紧实度、土壤侵蚀等）。服务对象为政府部门、科研人员、农牧场主等[32]。

（二）发挥美国草原评价和监测方法指南的服务作用

在美国草原评价和监测方法信息化管理上，美国农业部农业研究中心基于 NCIC 景观工具项目和 OCS 合作组织的研究内容，发展了一种基于 Wiki 交互式工具指南。指南由 20 多位草原专家、管理者和牧场主共同参与设计，内容上将同类研究结果、机构指南和报告、比较研究、专家经验和建议等信息进行了有效整合，更好地为使用者分析解释监测数据，并为专业化草原管理提供服务。该指南包括 2 个部分，第 1 部分是发现工具，通过输入查询题目、关键词、日期和尺度等搜索信息，调用数据库为使用者提供数据和相关方法信息；第 2 部分基于 Wiki 的搜索网页，能为使用者提供多种格式的方法和数据内容。在指南中，考虑到的数据类型包括 14 个：植被盖度、植物种类、密度、频度、多样性或丰富度、存在度、土地利用分类、植被垂直盖度和结构、数量和状态、边界制图、产量或生物量、土壤属性和牧草利用程度等。该指南目前不只为草原，还为森林等其他生态系统提供服务[33]。

（三）构建了注重实效的草原健康评价指标体系

草原监测很重要的一个方面是进行草原健康评价。草原健康评价为生态系统提供质量信息，允许管理者将草原健康评价信息与生态修复过程联系起来，使草原植被向好的方向发展。当前美国西部的土地管理者一般采用 Pyke et al.[34] 提出的草原健康评价指标体系，包含细沟、水流痕迹、平地或阶地、裸地、切沟、凋落物移动、表层土壤抗侵蚀能力、表层土壤流失或退化情况、渗透和径流引起的植物群落组成和分布的情况、紧实土层的深度、植物功能或群落结构、植物死亡率或腐烂程度、凋落物量、年产量、有害或入侵植物的种类和数量、多年生植物再生产能力等 17 个指标。

（四）不断完善草原信息化管理系统

据有关政府人员表示，美国内政部土地管理局逐步建立了覆盖全国的公有草原信息管理系统。而草原面积较大的州基本都有各自的草原信息化管理子系统。美国农业部按照实现草原"精确放牧"的设想构建了全国性的牧场信息化管理系统。其数据库的数据来源：一是各州收集的基础数据；二是一些特殊数据，需要委托给第三方进行收集；三是来自国家试验台站的数据等。草原信息化管理可以让政府和有关机构随时掌握草原生长的动态，为决策和指导生产奠定了基础。

三、中国可借鉴的经验

尽管中美两国国情不同，自然资源禀赋、经济社会发展水平、管理体制、政策环境、草原所有权制度等方面存在很大差异，但在草原保护建设利用和管理方面也具有很多共性。尤其是其十分完善的草原监测及信息服务体系方面的一些好的经验和做法，带给我们许多启示，值得借鉴。

（一）进一步加强草原信息化体系建设

不论是美国农业部还是内政部，都高度重视草原信息化方面的建设，建立了信息共享机制。2个部均有相对完善的信息网络，数据库开放共享，为政府部门提供管理决策信息，为科研人员提供科研数据，为牧场主管理和利用草原提供指导信息。中国在草原信息化管理方面工作起步较晚，数据信息服务能力还很弱。当前只是随着草原补助奖励政策实施的要求，建立了为政策服务的信息报送机制。形成了以户为单位的基础数据库，这为建立全国草原信息网络奠定了基础。应进一步加大草原信息化建设，紧紧抓住中国草原工作面临的大好机遇，尽快组织开展信息网络结构设计和系统开发，建成高效运行的全国草原信息管理系统，建立草原资源与生态动态调查制度，为政府决策、指导生产、草原执法和农牧民生产提供依据和信息服务[35]。

（二）进一步构建完善的草原监测与生态评价体系

草原监测是掌握草原植被生长、资源、生态等状况动态变化情况的重要手段，是进行草原保护建设和资源利用，制定政策的基础。美国自1912

年开始，按不同流域设置草原生态监测站，构建了基于全国的监测和评价体系，为草原保护与利用提供数据支持和信息服务，实现了草原各管理部门、各级政府和相关院所监测数据资源共享使用。中国目前农业、科技、教育等有关行业和部门建立了一些草原生态监测站，但还没有形成基于全国框架的监测评价体系，各行其是，资源不能共享。针对这一现状，农业部草原监理中心编制了《全国草原固定监测点建设总体规划》，并按规划逐步开展固定监测点基础设施建设[36]。

（三）设立专门的资金项目加大专业人员的培训及与科研机构的合作

草原地面监测是耗费人力、财力的艰苦性工作，需要大量的资金投入才能有效开展。然而，限于资金等方面的制约，建设进度和覆盖的范围远不能满足草原可持续发展要求；已经建成的监测点，也出现了人员队伍不稳定、运行经费短缺等方面的问题。应进一步加大覆盖全国草原监测体系的建设力度，设立草原监测专项资金，包括基础设施建设经费和运行经费；加大培训力度，建设一支高素质的草原监测队伍。统筹考虑草原资源的典型分布、生态功能区及水资源的分布情况，提高选点的科学性、代表性和合理性。加大与有关院校或科研机构合作力度，形成成果共享机制，为中国生态建设的整体服务。逐步建立起覆盖全国主要草原、布局科学合理、监测结果科学过硬的草原监测体系[37, 38]。

第三节

欧盟

欧洲的草原和草原农业有范围很广的植物类型、环境和社会经济条件以及在此基础条件下的生产和利用水平。整个欧盟地区的永久草原和放牧地约为 60.86 万 km^2，占欧盟农业生产用地的 34 %。欧洲草原面积很广，主要由人工草原和永久性草原及与这 2 种草原相联系的天然或半天然植被组成，产量变化也很大，生产性草原畜牧业的主要地区位于北纬 45°～55°[39]。在这一地区（如爱尔兰、英国、法国西北部、比利时、德国和荷兰）有永久性草原和长期播种多年生黑麦草草原，这些草场的草密度达到最高，再往欧洲中部和东部，有分布很广的草甸，草原密度有所降低。欧盟 27 国中很多国家都有悠久的畜牧史，欧罗巴人多肉多奶的饮食习惯也造就了草原生产和畜牧业在欧洲的重要地位，欧盟成员国中荷兰、爱尔兰、德国、比利时、法国、奥地利等国都是世界上畜牧业较发达的国家[40]，前成员国英国也同样以高质量的乳畜产品为中国人民熟知。传统的畜牧方式和高强度的密集农业地开垦造成了欧洲永久草原面积的连续下降，2004 年时欧洲永久草原面积仅为 53 万 km²，保护草原和施行合理放牧策略被欧盟委员会提上日程，欧盟委员会立法通过了一系列法案，规定欧盟成员国保护草原并施行智慧农业和退耕还草，要求各成员国成立综合管理控制系统，统计其草原利用情况和改良状况并定时向欧盟报告，资助科研机构研究并普及精准放牧系统（Precision livestock farming system），给予使用此系统的牧场主政策鼓励和资金支持。通过这些政策的多管齐下，欧洲地区的永久草原面积和改良草原面积稳步回升。

一、欧盟的政策措施

1962 年欧洲 EEC 发布了第 1 版共同农业政策（Common Agricultural Policy）其主要内容是制定共同经营法规、共同价格和一致竞争法则，建立统一农产品市场，实行进口征税、出口补贴的双重体制以保护内部市场，建立共同农业预算，协调成员国之间管理、防疫和兽医等条例。经过几次比较大的改革，过去以价格支持为基础的机制逐步过渡到了以价格和直接补贴为主的机制，共同农业政策转变为"共同农业和农村发展政策"。强调农业的多功能性和可持续性，确保欧盟农村的全面发展。在生态环境的监测方面，欧盟颁布了若干法案，其中涉及草原生态监测的现行法案具有代表性的有以下 2 个。

INSPIRE（Infrastructure for Spatial Information in the European Community）欧盟空间信息基础设施：是欧盟关于建设空间数据基础设施而发布的 1 部法案，于 2002 年发布，法案规定了各欧盟成员国需要收集本国的空间数据，并定期汇报给欧盟，由欧盟统一整理发布，法案规定了各国需要收集的空间数据类型，其中关于草原生态系统的空间数据发布于附录第 2 条第 2 款。该法案要求欧盟成员国每年汇报数据收集情况，自 2017 年开始，每 5 年向欧盟提交本国收集数据，并发布于网站上可供公众查询。自法案发布以来，虽然来自成员国的抱怨颇多，但已经基本实现空间信息的统一标准和共享，建立起来 1 个"第三方部门收集数据—成员国相应组织整理数据—欧盟统一发布数据"的良好链条，各相关数据，如草原面积、草原范围、家畜数量分布、土壤状况等，都在相关网站上对公众开放，可免费获取。缺点是具有一定的滞后性，并且此数据库的部分内容和欧盟统计局数据库（Eurostat）稍有重叠。

LULUCF（Land Use，Land Use Change and Forestry）土地利用或土地利用变化和林业：此法案是基于 529/2013/EU 做出的扩大和修改，于 2018 年发布，代替原有的 529/2013/EU 法案，主要规定了各成员国在管理、监测、改善土地利用和土地利用改变所产生的碳排放问题，其中规定了关于各成员国碳排放的上限，并规定了需要减少的碳排放量。提出了关于牧场管理和牧场改良有关的措施，例如，通过改变放牧的强度和时间来改善放牧地的管理；提高生产力，改善营养管理，改善消防管理；引进更合适的物种，尤其是深根物种等[41]。关于监测与信息发布，法案要求各成员国应建立并运行 1 个综合的管理和控制系统，综合系统应包括以下要素：其一，计算机数据库，包括农业包裹识别系统、识别和注册付款权利的系统、援助申请和付款要求；其二，集成控制系统；其三，1 个单一的系统，用于记录提交援助申请或付款请求的每个受益人的身份。

除以上代表性的 2 个法案之外，还有生态多样性监测的欧洲自然信息系统（EUNIS）、欧洲生物多样性信息系统（BISE）、MAES（Mapping Europe's ecosystems）分析框架，针对饲草料和乳畜产品的农业综合行

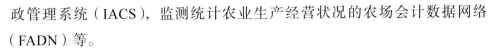

政管理系统（IACS），监测统计农业生产经营状况的农场会计数据网络（FADN）等。

综上所述，欧盟关于草原生态环境监测的特点有：其一，以各成员国为基本的信息收集单位，使用统一的数据标准，录入欧盟数据库统一对外发布；其二，监测事项详细、监测系统种类繁多，针对同一生态系统的不同服务功能，有不同的监测系统和数据库管理系统；其三，生态环境监测的数据发布和公众服务相对完善，用户通过一个网站就可以免费获取数据。

二、科研创新与成果转化

政策法规能够顺利实施的基础是欧洲对草原和畜牧业科学研究的大力支持，前面提到的各项政策法规都有对应的项目研究资助平台，可供研究人员申请研究项目和科研经费，并在平台上发布研究成果。比如，与生物多样性信息系统 BISE 同属于欧盟环境法案的 LIFE 项目平台，自 2013 年设立以来共资助了 115 个草原生态研究方向的研究项目。与 LULUCF 同属欧盟共同农业政策的欧洲农业创新合作组织（EIP-AGRI）平台，该平台将多方参与者召集在一起，帮助研究人员获得经费信息，帮助欧盟资助项目公开项目研究成果，还承担着科普和研究成果转化工作，平台上共享有 44 个草原生态和草原放牧家畜方向的科研项目进展和成果。在这些项目中，针对正在进行的项目进行了调查，选取了如下几个可供参考的项目。

Inno4Grass 欧洲草原可持续生产力的共享创新空间：Inno4Grass 自 2018 年开始至 2020 年结束，欧盟"地平线 2020"基金资助 200 万欧元，用于构建新型草牧业智慧生产实践。精准放牧系统自 20 世纪 90 年代提出以来，在科学研究上已经取得了一系列成果，但是实际应用领域却异常缺乏。调查表明，截至 2017 年没有私人牧场使用全套智慧牧场技术，使用部分智慧牧业管理的私人牧场不足 3%，大型公司牧场的智能管理使用不足 15%，草原智慧管理技术的高成本使私营牧民和大型公司都望而却步。研究机构和科研院所利用研究经费，在部分牧场及小范围应用了智慧草牧管理方案，取得了很好的成绩，可是研究一旦结束，牧场主更倾向于回到以前相对落后不环保的养殖方式[42]。为了解决这个问题，Inno4Grass 在欧洲 8 个国家范围内，选取对新技术有较高积极性的牧场主，联合科研院所一起，为这些牧场主搭建智慧牧场，对牧场应用先进的智慧草牧管理技术，一方面能普及智慧牧场技术，通过奖励刺激农场主接受先进的智慧牧场技术；另一方面，为科研机构提供更多的技术案例，使研究者在不同草场环境下发现问题，研究新方法、新策略，完善智慧牧场相关技术。Inno4Grass 共有爱尔兰、德国、法国、荷兰、瑞典、波兰、意大利、比利时 8 个国家，共 59 个组织机构参与，包含 20 家研究机构（大学、科研院所和具有研究实力的私人公司），其中每个国家各有 1 个研究机构、1 个私人机构或政府机构参与。私人机构或政府机构负责筛选牧场主，研究机构负责在牧场中进行智慧牧场技术的架设和研究，除此之外，还有 3 家私人公司负责推广和技术科普。欧洲草业联盟（EGF）和欧盟农业生产和可持续发展部门作为总体的联络者负责整个项目的进行，每年会给予有杰出成果的牧场一定奖励。

4D4F（Data Driven Dairy Decisions for Farmers）数据驱动的奶农决策系统：是为期 4 年的数据研究项目，由欧盟"地平线 2020"资助，5 个国家 15 家机构参与，其中包括数据处理公司、乳制品企业和 2 所大学。该项目将智慧牧业和数据共享与大数据技术结合，重点关注奶牛和环境传感器在收集实时信息中所扮演的角色，以帮助做出更明智的奶业决策。该项目将建立由农民、农场顾问、技术供应商、兽医和研究人员组成的实践社区，收集和促进数据和传感器技术的最佳实践。项目方案是通过传感器和数据分析工具、视频、信息图表和乳制品传感器技术所构成的在线虚拟仓库来生成最佳实践指导，并将结果传达给农民。这个过程要通过生成标准监督程序（SOPs）来实现，该程序可针对各个农场量身定制，以帮助农民和农场顾问采用乳制品传感器和数据分析技术[43]。SOPs 将由工作组制定，这个工作组包括农民、农场顾问、技术供应商和研究人员，他们将共同制定对农民友好的 SOPs。同时，农场活动和研讨会将对在线 COP 和已发布的交流工具予以补充，以帮助农民和农场顾问实施创新的传感器和数据分析技术。讲习班和活动将促进农民与其同龄人之间就如何在自己的企业中最好地使用传感器和数据分析进行讨论。这个过程中产生本地对等支持，生成农场大数据，以促进采用数据驱动型乳制品决策。

三、总结与经验

综上所述，欧盟在草原管理与监测方面的经验可总结为以下几点。

坚持政策战略导向，坚持欧盟理事会主导，完善法律法规，细化目标要求。欧盟在生态环境监测和生态维护方面有一套非常细致全面的法律规定，对各成员国在收集统一格式的数据、共享数据库的要求、改善生态环境的策略和方法，都有明确规定，让各成员国"有法可依"。并且随着欧盟战略的改变，及时调整相关法律规定和目标要求。

数据公开透明，门类齐全，获取方便，格式统一。

注重多部门合作，除了政府机构和科研机构，还设立第三方平台用于科研成果的普及和应用，引入私人企业和私人牧场参与政府科研项目，以经济效益为驱动，加快成果转化。

对科学研究的资金支持，尤其是对成果转化和科普教育的支持。通过调查可以发现，几乎所有欧盟资助的科学研究项目都要设立自己的项目网站，定期向公众发布项目成果和项目进展，科研成果的普及一直伴随着科研项目进行，注重科普教育和成果转化，以报告、小册子、PPT、视频等形式发布科研成果。

第四节
对中国草原生态环境监测工作的启示

通过对国外草原生态环境监测与信息服务体系典型案例的分析，对中国相关工作的开展可得到如下启示。

首先，国内外经验表明草原生态环境的改善是一个长期的过程，在尊重自然的基础上通过几十年乃至更长时间的努力才能使得草原生态环境得到逐步改善。因此，中国在草原生态环境建设中应避免毕其功于一役的想法，需要坚持以长期战略政策为导向，建立稳定的投入机制，重视固定监测点、人才队伍建设和人员培训等需要长期开展工作的投入，合理规划，逐步实现中国草原生态环境的改善和可持续发展。

其次，通过对国外相关领域的案例分析，可看到欧盟、美国、澳大利亚等草牧业先进国家和地区无不建立了完备的草原生态环境保护法规和切实可行的生态环境保护、利用、监测标准，使得相关工作的开展有法可依、有规可循、有据可查，这对于草原生态环境监测工作的长期化、规范化开展是十分重要的。中国当前出台的《中华人民共和国草原法》中明确规定了草原的总体规划，但还应在此基础上进一步修改和完善相关法律规范，保证法规政策的完整、有效力。

再次，长期以来，欧盟、美国、澳大利亚等国在草原生态环境领域科研投入巨大，相关领域基础科学研究长期处于世界先进水平，其扎实的基础科学研究积累为建设符合本国实际情况的草原生态环境监测技术体系提供了有力的科技支撑。因此，加大中国相关领域基础科研投入，开展一系列草原生态环境监测方面的基础科学研究也是必须要做的工作。

最后，草原生态类型多样、环境问题复杂，草原生态环境监测涉及部门多、关系复杂，监测数据量大，数据种类丰富，往往需要不同部门、不同领域的专家学者相互交叉合作才能完成对传统生态环境的综合监测，这也是中外草原监测工作所面临的共同问题。欧盟、美国、澳大利亚等国家和地区在草原监测工作中提倡多部门合作，注重草原监测数据公开、高度共享，吸引不同专业的专家学者参加草原生态环境研究工作，为不同领域的新技术引入创造了条件，促进了多学科融合，同时也非常有利于相关领域的成果转化，这是国外先进国家和地区草原生态环境监测工作的一大亮点，十分值得中国借鉴。

第八章

中国草原生态环境监测与信息服务
体系技术清单及发展路线图

技术清单

一、筛选方法——德尔菲法

德尔菲问卷调查又称专家规定程序调查法。该方法主要是由调查者拟定调查表，按照既定程序，以函件的方式分别向专家组成员进行征询和意见收集。该项工作将充分发挥各领域院士、专家的作用，实现专家意见汇聚与分析，最后做出符合市场未来发展趋势的预测结论。

利用聚类分析法＋德尔菲问卷调查相结合的方法，在文献计量分析的基础上，通过对检索到的文献数据进行聚类分析，进一步的专家研判，生成了本领域技术备选清单18项（表8-1）。每项备选技术清单有30名专家参与问卷调查，技术的属性档次、应用重要性和制约因素方面，按照打分情况计算均值，得到调查结果。通过德尔菲问卷调查法，征询专家组成员的意见，进一步对技术预见备选清单进行调整完善，最终形成了草原资源环境监测和信息服务体系技术图谱（图8-1）。

表 8-1　草原资源环境监测和信息服务体系技术备选清单

专业领域	信息感知技术	预测评价技术	智慧决策技术	信息服务技术
草原资源	先进遥感探测技术 空天地一体化组网监测技术 空间信息表达技术	草原资产评估技术	草原生态大数据分析应用 草原生态知识模型	人机交互信息认知技术 草原综合信息服务系统
草原环境	草原监测传感器技术 草原实景信息感知技术 可靠传输技术	草原环境预测技术	草原生态大数据分析应用 草原生态知识模型	人机交互信息认知技术 草原综合信息服务系统
草原利用	草原监测传感器技术 空天地一体化组网监测技术	草畜利用评价技术	草原生态知识模型 草原管理决策支持系统	人机交互信息认知技术 智能服务系统

续表

专业领域	信息感知技术	预测评价技术	智慧决策技术	信息服务技术
草原灾害	先进遥感探测技术 空天地一体化组网监测技术	灾害预警评估技术	草原生态大数据分析应用 草原生态知识模型	草原综合信息服务系统 智能服务系统
信息服务	空间信息表达技术 可靠传输技术	多模型集成评估技术	草原生态大数据分析应用 草原自主控制技术与系统	草原综合信息服务系统 智能服务系统

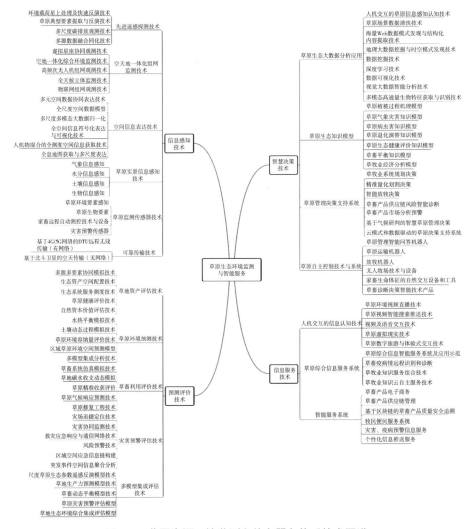

图 8-1　草原资源环境监测和信息服务体系技术图谱

二、关键技术清单

（一）先进遥感探测技术

在技术属性档次方面，核心性具有最高分值（4.07），其次是带动性（4），在颠覆性方面专家的打分最低，平均分仅为3.3。在技术应用重要性方面，专家们认为此技术在生态安全（4.5）上的重要性最高，其次是国家国防安全，平均分为4.47。在制约因素方面，专家们认为制约此技术发展的主要因素是我国人才队伍不健全（4）、研发投入较少（3.96）及工业基础能力限制（3.73）（图8-2）。

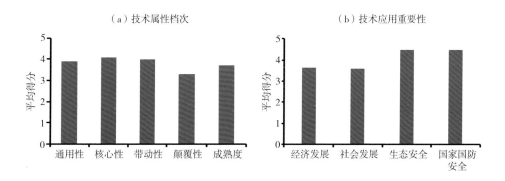

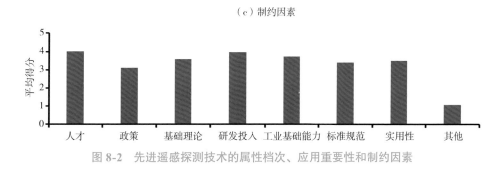

图 8-2 先进遥感探测技术的属性档次、应用重要性和制约因素

在此技术的实验室实现时间上，57%的专家认为目前已经实现，38%的专家认为在2025年以前可以实现。在此技术的规模化应用实现时间上，32%的专家认为目前已经实现，32%的专家认为在2025年以前实现，此外36%的专家估计将在2025年后实现规模化应用（图8-3）。

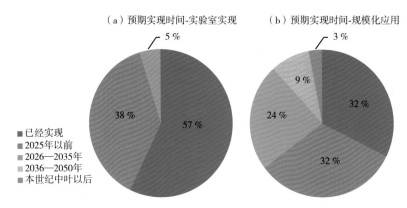

图 8-3　先进遥感探测技术在实验室和规模化应用的预期实现时间

通过专家参与问卷调查，在 14 个国家中选择 1～2 项作为技术研发领先的国家，统计分数结果如下所示。美国具有最高的分数（占比 37.5 %），表示美国在先进遥感探测技术上处于国际领先水平；其次是法国和德国，投票占比分别为 16.25 % 和 11.25 %。中国所得的投票占比为 10 %，其他国家投票占比较低，均不高于 10 %（图 8-4）。

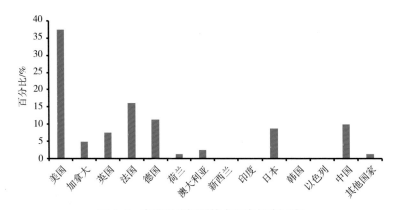

图 8-4　先进遥感探测技术研发领先国家

（二）空天地一体化组网监测技术

在技术属性档次方面，核心性具有最高分值（4.23），其次是带动性（4），在成熟度方面专家的打分最低，平均分仅为 3.27。在技术应用重要性方面，专家们认为此技术在生态安全（4.4）上的重要性最高，其次是国家国防安全，平均分为 4.33。在制约因素方面，专家们认为制约此技术发展的主要因素是我国研发投入（3.97）、人才队伍不健全（3.87）及工业基础能力限制（3.63）（图 8-5）。

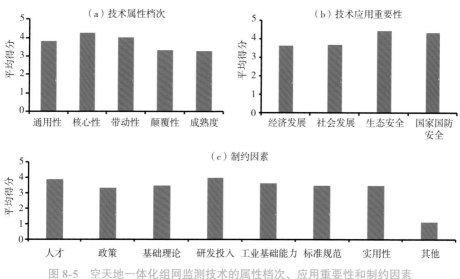

图 8-5　空天地一体化组网监测技术的属性档次、应用重要性和制约因素

在此技术的实验室实现时间上，62% 的专家认为目前已经实现，29% 的专家认为在 2025 年以前可以实现。在此技术的规模化应用实现时间上，17% 的专家认为目前已经实现，37% 的专家认为在 2025 年以前实现，此外 46% 的专家估计将 2025 年后实现规模化应用（图 8-6）。

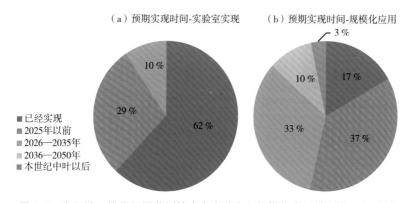

图 8-6　空天地一体化组网监测技术在实验室和规模化应用的预期实现时间

通过专家参与问卷调查，在 14 个国家中选择 1~2 项作为技术研发领先的国家，统计分数结果如下所示。美国具有最高的分数（占比 36.71%），

表示美国在空天地一体化组网监测技术上处于国际领先水平；其次是中国和德国，投票占比分别为 13.92 % 和 12.66 %，其他国家投票占比较低，均不高于 10 %（图 8-7）。

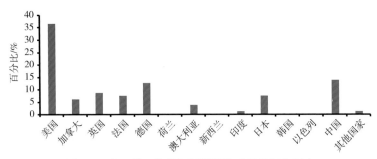

图 8-7　空天地一体化组网监测技术研发领先国家

（三）空间信息表达技术

在技术属性档次方面，通用性具有最高分值（3.97），其次是核心性（3.87），在颠覆性方面专家的打分最低，平均分仅为 2.9。在技术应用重要性方面，专家们认为此技术在生态安全（4.13）上的重要性最高，其次是国家国防安全，平均分为 4.07。在制约因素方面，专家们认为制约此技术发展的主要因素是我国人才队伍不健全和研发投入较少（3.63）及实用性（3.47）（图 8-8）。

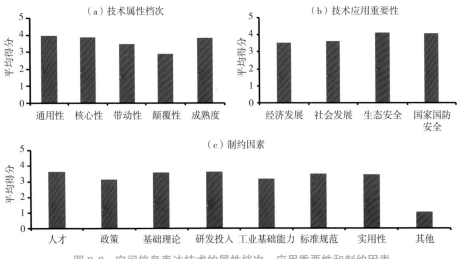

图 8-8　空间信息表达技术的属性档次、应用重要性和制约因素

在此技术的实验室实现时间上，50％的专家认为目前已经实现，38％的专家认为在2025年以前可以实现。在此技术的规模化应用实现时间上，32％的专家认为目前已经实现，26％的专家认为在2025年以前实现，此外42％的专家估计将在2025年后实现规模化应用（图8-9）。

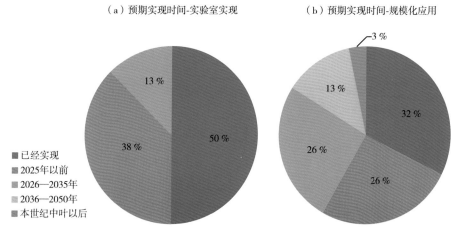

图 8-9　空间信息表达技术在实验室和规模化应用的预期实现时间

通过专家参与问卷调查，在14个国家中选择1~2项作为技术研发领先的国家，统计分数结果如下所示。美国具有最高的分数（占比37.5％），表示美国在空间信息表达技术上处于国际领先水平；其次是英国和德国，投票占比分别为15％和10％，其他国家投票占比较低，均不高于10％（图8-10）。

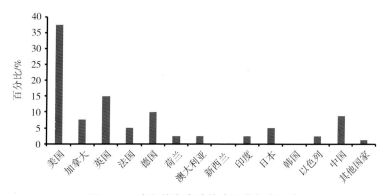

图 8-10　空间信息表达技术研发领先国家

（四）草原监测传感器技术

在技术属性档次方面，核心性具有最高分值（4.03），其次是带动性（3.57），在颠覆性方面专家的打分最低，平均分仅为3.17。在技术应用重要性方面，专家们认为此技术在生态安全（4.4）上的重要性最高，其次是经济发展，平均分为3.5。在制约因素方面，专家们认为制约此技术发展的主要因素是我国研发投入较少（4）、工业基础能力（3.8）及人才队伍不健全（3.73）（图8-11）。

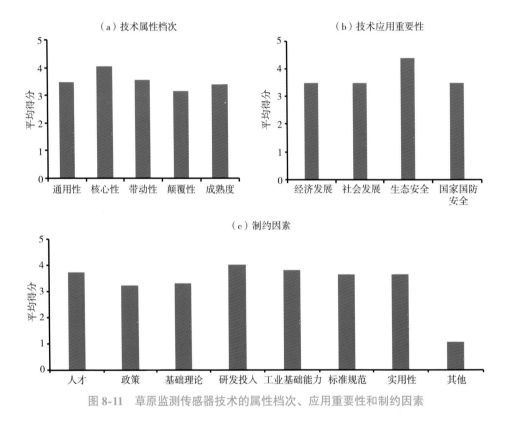

图8-11　草原监测传感器技术的属性档次、应用重要性和制约因素

在此技术的实验室实现时间上，50%的专家认为目前已经实现，41%的专家认为在2025年以前可以实现。在此技术的规模化应用实现时间上，19%的专家认为目前已经实现，34%的专家认为在2025年以前实现，此外47%的专家估计将在2025年后实现规模化应用（图8-12）。

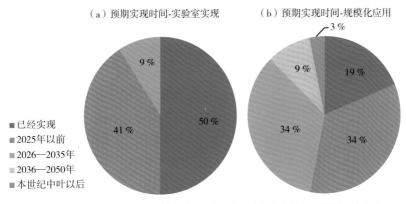

（a）预期实现时间-实验室实现　　（b）预期实现时间-规模化应用

■ 已经实现
■ 2025年以前
■ 2026—2035年
■ 2036—2050年
■ 本世纪中叶以后

图 8-12　草原监测传感器技术在实验室和规模化应用的预期实现时间

　　通过专家参与问卷调查，在 14 个国家中选择 1~2 项作为技术研发领先的国家，统计分数结果如下所示。美国具有最高的分数（占比 33.75 %），表示美国在草原监测传感器技术上处于国际领先水平；其次是澳大利亚和日本，投票占比分别为 17.5 % 和 10 %，其他国家投票占比较低，均不高于 10 %（图 8-13）。

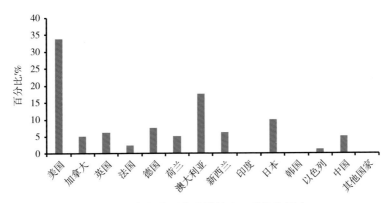

图 8-13　草原监测传感器技术研发领先国家

（五）草原实景信息感知技术

　　在技术属性档次方面，成熟度具有最高分值（3.53），其次是核心性（3.37），在颠覆性方面专家的打分最低，平均分仅为 2.87。在技术应用重要性方面，专家们认为此技术在生态安全（3.80）上的重要性最高，其次是国家国防安全，平均分为 3.53。在制约因素方面，专家们认为制约此技术发展的主要因素是我国研发投入较少（3.53）、工业基础能力（3.33）及人才队伍不健全（3.27）（图 8-14）。

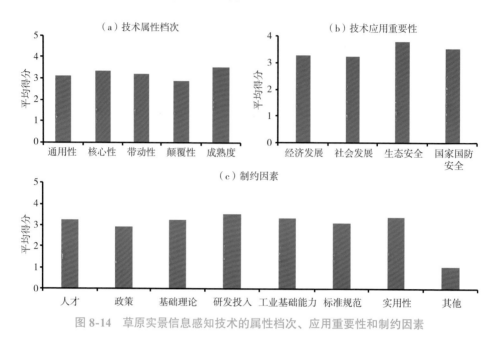

图 8-14　草原实景信息感知技术的属性档次、应用重要性和制约因素

在此技术的实验室实现时间上，50％的专家认为目前已经实现，38％的专家认为在 2025 年以前可以实现。在此技术的规模化应用实现时间上，7％的专家认为目前已经实现，47％的专家认为在 2025 年以前实现，此外 46％的专家估计将在 2025 年后实现规模化应用（图 8-15）。

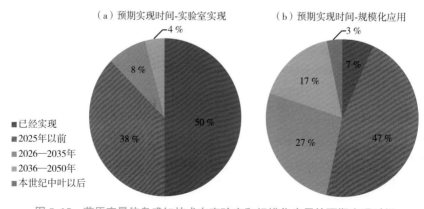

图 8-15　草原实景信息感知技术在实验室和规模化应用的预期实现时间

通过专家参与问卷调查，在 14 个国家中选择 1～2 项作为技术研发领先的国家，统计分数结果如图 8-16 所示。美国具有最高的分数（占比 33.33 %），表示美国在草原实景信息感知技术上处于国际领先水平；其次是澳大利亚和英国，投票占比分别为 19.23 % 和 11.54 %，其他国家投票占比较低，均不高于 10 %（图 8-16）。

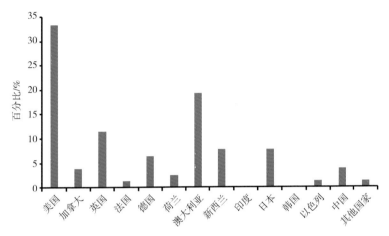

图 8-16　草原实景信息感知技术研发领先国家

（六）可靠传输技术

在技术属性档次方面，通用性具有最高分值（3.97），其次是成熟度（3.93），在颠覆性方面专家的打分最低，平均分仅为 2.8。在技术应用重要性方面，专家们认为此技术在生态安全（4.13）上的重要性最高，其次是国家国防安全，平均分为 3.93。在制约因素方面，专家们认为制约此技术发展的主要因素是我国研发投入较少（3.67）、工业基础能力限制（3.67）及人才队伍不健全（3.43）（图 8-17）。

在此技术的实验室实现时间上，55 % 的专家认为目前已经实现，35 % 的专家认为在 2025 年以前可以实现。在此技术的规模化应用实现时间上，29 % 的专家认为目前已经实现，34 % 的专家认为在 2025 年以前实现，此外 37 % 的专家估计将在 2025 年后实现规模化应用（图 8-18）。

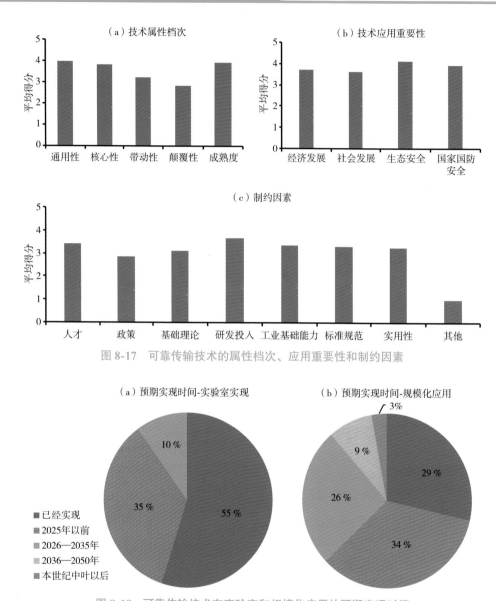

图 8-17　可靠传输技术的属性档次、应用重要性和制约因素

图 8-18　可靠传输技术在实验室和规模化应用的预期实现时间

通过专家参与问卷调查，在 14 个国家中选择 1~2 项作为技术研发领先的国家，统计分数结果如图 8-19 所示。美国具有最高的分数（占比 37.18 %），表示美国在可靠传输技术上处于国际领先水平；其次是日本和中国，投票占比分别为 16.67 % 和 12.82 %，德国所得的投票占比为 11.54 %，其他国家投票占比较低，均不高于 10 %（图 8-19）。

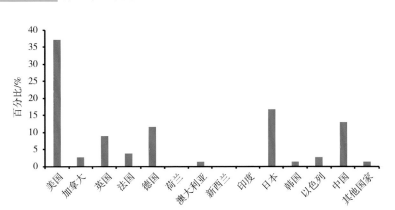

图 8-19　可靠传输技术研发领先国家

（七）草原资产评估技术

在技术属性档次方面，核心性具有最高分值（3.77），其次是带动性（3.37），在颠覆性方面专家的打分最低，平均分仅为3.1。在技术应用重要性方面，专家们认为此技术在生态安全（4.3）上的重要性最高，其次是经济发展，平均分为3.7。在制约因素方面，专家们认为制约此技术发展的主要因素是我国基础理论不足（3.8）、标准规范不足（3.8）及研发投入较少（3.6）（图8-20）。

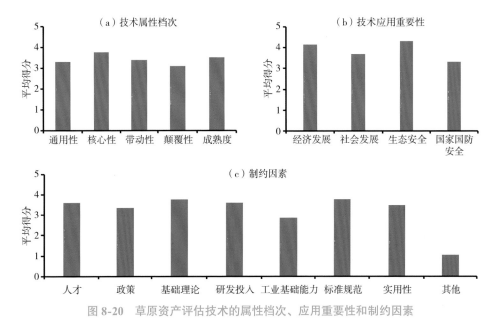

图 8-20　草原资产评估技术的属性档次、应用重要性和制约因素

在此技术的实验室实现时间上，54％的专家认为目前已经实现，33％的专家认为在2025年以前可以实现。在此技术的规模化应用实现时间上，15％的专家认为目前已经实现，42％的专家认为在2025年以前实现，此外43％的专家估计将在2025年后实现规模化应用（图8-21）。

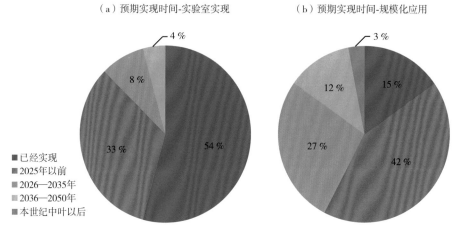

（a）预期实现时间-实验室实现　　（b）预期实现时间-规模化应用

■ 已经实现
　 2025年以前
　 2026—2035年
　 2036—2050年
■ 本世纪中叶以后

图8-21　草原资产评估技术在实验室和规模化应用的预期实现时间

通过专家参与问卷调查，在14个国家中选择1~2项作为技术研发领先的国家，统计分数结果如下所示。美国具有最高的分数（占比32％），表示美国在草原资产评估技术上处于国际领先水平；其次是澳大利亚和新西兰，投票占比分别为21.33％和12％，其他国家投票占比较低，均不高于10％（图8-22）。

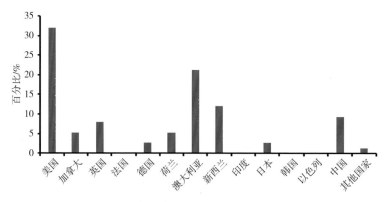

图8-22　草原资产评估技术研发领先国家

（八）草原环境预测技术

在技术属性档次方面，核心性具有最高分值（3.67），其次是带动性和成熟度（3.43），在颠覆性方面专家的打分最低，平均分仅为3。在技术应用重要性方面，专家们认为此技术在生态安全（4.33）上的重要性最高，其次是经济发展，平均分为3.73。在制约因素方面，专家们认为制约此技术发展的主要因素是我国基础理论不足（3.87）、研发投入较少（3.67）及标准规范限制（3.53）（图8-23）。

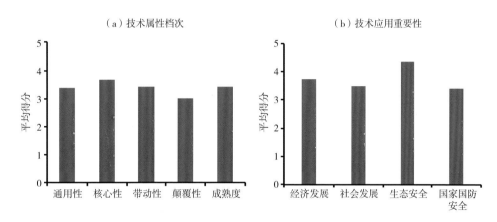

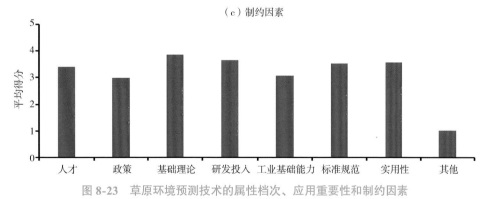

图 8-23　草原环境预测技术的属性档次、应用重要性和制约因素

在此技术的实验室实现时间上，46%的专家认为目前已经实现，42%的专家认为在2025年以前可以实现。在此技术的规模化应用实现时间上，10%的专家认为目前已经实现，42%的专家认为在2025年以前实现，此外48%的专家估计将在2025年后实现规模化应用（图8-24）。

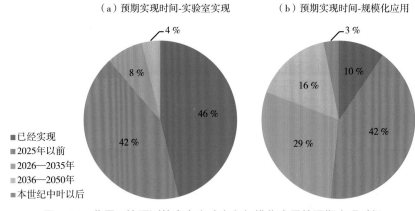

（a）预期实现时间-实验室实现　　　（b）预期实现时间-规模化应用

图 8-24　草原环境预测技术在实验室和规模化应用的预期实现时间

通过专家参与问卷调查，在 14 个国家中选择 1～2 项作为技术研发领先的国家，统计分数结果如图 8-25 所示。美国具有最高的分数（占比 34.67％），表示美国在草原环境预测技术上处于国际领先水平；其次是澳大利亚、英国和新西兰，投票占比分别为 20％、10.67％ 和 10.67％，其他国家投票占比较低，均不高于 10％（图 8-25）。

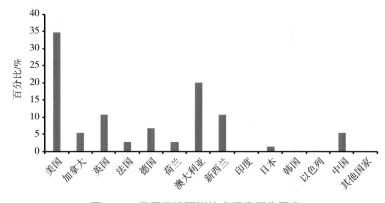

图 8-25　草原环境预测技术研发领先国家

（九）草畜利用评价技术

在技术属性档次方面，成熟度具有最高分值（3.87），其次是核心性（3.77），在颠覆性方面专家的打分最低，平均分仅为 2.73。在技术应用重要性方面，专家们认为此技术在生态安全（4.37）上的重要性最高，其次是经济发展，平均分为 4.27。在制约因素方面，专家们认为制约此技术发展的主要因素是我国基础理论不足（3.7）、标准规范不足（3.63）及研发投入较少（3.43）（图 8-26）。

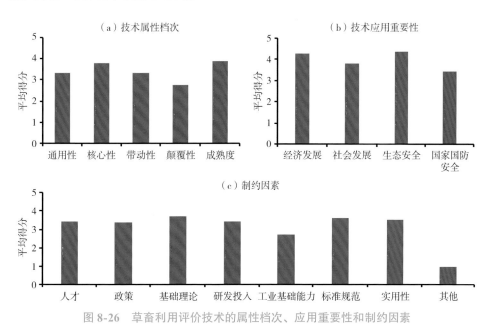

图 8-26　草畜利用评价技术的属性档次、应用重要性和制约因素

在此技术的实验室实现时间上，64％ 的专家认为目前已经实现，27％ 的专家认为在 2025 年以前可以实现。在此技术的规模化应用实现时间上，29％ 的专家认为目前已经实现，38％ 的专家认为在 2025 年以前实现，此外 33％ 的专家估计将在 2025 年后实现规模化应用（图 8-27）。

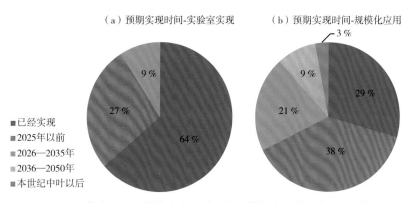

图 8-27　草畜利用评价技术在实验室和规模化应用的预期实现时间

通过专家参与问卷调查，在 14 个国家中选择 1~2 项作为技术研发领先的国家，统计分数结果如图 8-28 所示。美国具有最高的分数（占比30.26 ％），表示美国在草畜利用评价技术上处于国际领先水平；其次是澳大利亚和新西兰，投票占比分别为 23.68 ％ 和 14.47 ％，中国所得的投票占比为 10.53 ％，其他国家投票占比较低，均不高于 10 ％（图 8-28）。

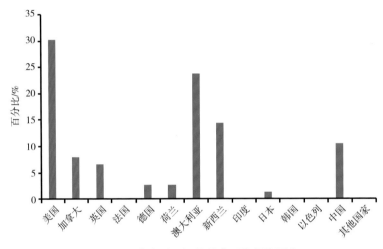

图 8-28　草畜利用评价技术研发领先国家

（十）灾害预警评估技术

在技术属性档次方面，核心性具有最高分值（3.63），其次是通用性（3.6），在颠覆性方面专家的打分最低，平均分仅为 3.13。在技术应用重要性方面，专家们认为此技术在生态安全（4.4）上的重要性最高，其次是经济发展，平均分为 4.17。在制约因素方面，专家们认为制约此技术发展的主要因素是我国基础理论不足（3.8）、标准规范限制（3.67）及人才队伍不健全（3.63）（图 8-29）。

在此技术的实验室实现时间上，50 ％ 的专家认为目前已经实现，38 ％的专家认为在 2025 年以前可以实现。在此技术的规模化应用实现时间上，19 ％ 的专家认为目前已经实现，38 ％ 的专家认为在 2025 年以前实现，此外 43 ％ 的专家估计将在 2025 年后实现规模化应用（图 8-30）。

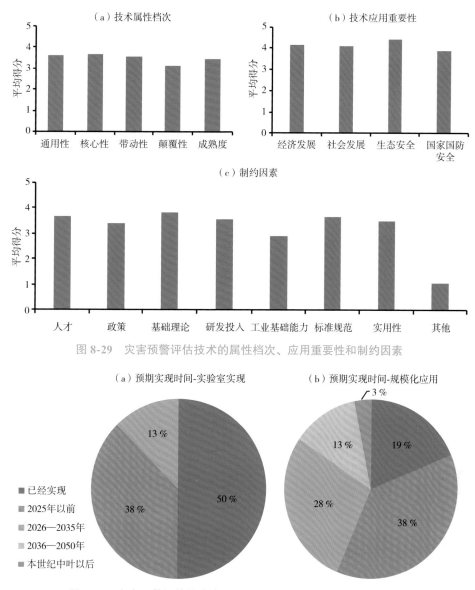

图 8-29　灾害预警评估技术的属性档次、应用重要性和制约因素

图 8-30　灾害预警评估技术在实验室和规模化应用的预期实现时间

　　通过专家参与问卷调查，在 14 个国家中选择 1~2 项作为技术研发领先的国家，统计分数结果如图 8-31 所示。美国具有最高的分数（占比 35.06 %），表示美国在灾害预警评估技术上处于国际领先水平；其次是澳大利亚和英国，投票占比分别为 12.99 % 和 10.39 %，其他国家投票占比较低，均不高于 10 %（图 8-31）。

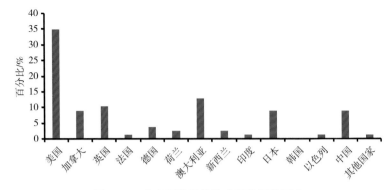

图 8-31　灾害预警评估技术研发领先国家

（十一）多模型集成评估技术

在技术属性档次方面，核心性具有最高分值（3.6），其次是带动性（3.43），在颠覆性方面专家的打分最低，平均分仅为 3.1。在技术应用重要性方面，专家们认为此技术在生态安全（4）上的重要性最高，其次是经济发展，平均分为 3.57。在制约因素方面，专家们认为制约此技术发展的主要因素是我国人才队伍不健全（3.73）、基础理论不足（3.73）及标准规范限制（3.43）（图 8-32）。

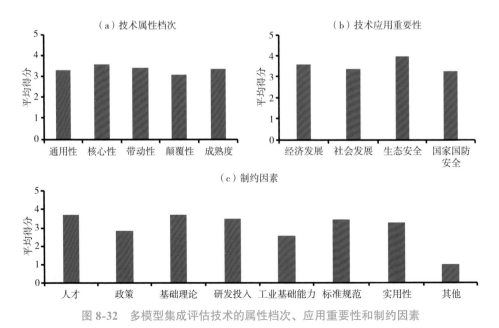

图 8-32　多模型集成评估技术的属性档次、应用重要性和制约因素

在此技术的实验室实现时间上，33%的专家认为目前已经实现，50%的专家认为在2025年以前可以实现。在此技术的规模化应用实现时间上，16%的专家认为目前已经实现，22%的专家认为在2025年以前实现，此外62%的专家估计将在2025年后实现规模化应用（图8-33）。

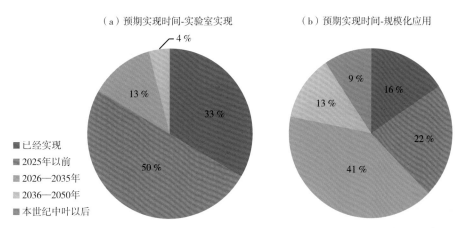

图 8-33　多模型集成评估技术在实验室和规模化应用的预期实现时间

通过专家参与问卷调查，在14个国家中选择1~2项作为技术研发领先的国家，统计分数结果如图8-34所示。美国具有最高的分数（占比38.36%），表示美国在多模型集成评估技术上处于国际领先水平；其次是英国和澳大利亚，投票占比分别为13.7%和12.33%，德国所得的投票占比为10.96%，其他国家投票占比较低，均不高于10%（图8-34）。

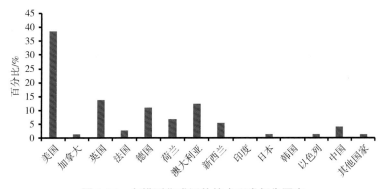

图 8-34　多模型集成评估技术研发领先国家

（十二）草原生态大数据分析应用

在技术属性档次方面，核心性具有最高分值（3.67），其次是通用性（3.60），在成熟度方面专家的打分最低，平均分仅为3.27。在技术应用重要性方面，专家们认为此技术在生态安全（4.40）上的重要性最高，其次是经济发展，平均分为3.70。在制约因素方面，专家们认为制约此技术发展的主要因素是我国研发投入较少（3.73）、人才队伍不健全（3.70）及标准规范限制（3.63）（图8-35）。

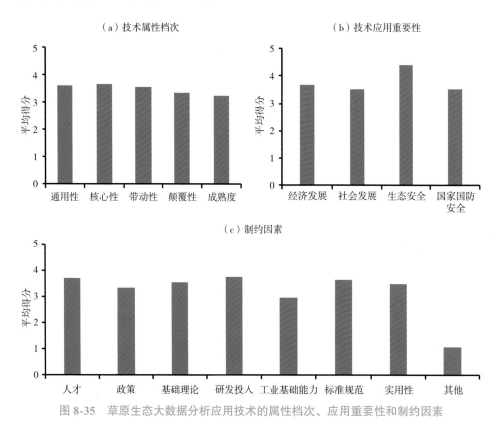

图8-35 草原生态大数据分析应用技术的属性档次、应用重要性和制约因素

在此技术的实验室实现时间上，42％的专家认为目前已经实现，46％的专家认为在2025年以前可以实现。在此技术的规模化应用实现时间上，6％的专家认为目前已经实现，44％的专家认为在2025年以前实现，此外50％的专家估计将在2025年后实现规模化应用（图8-36）。

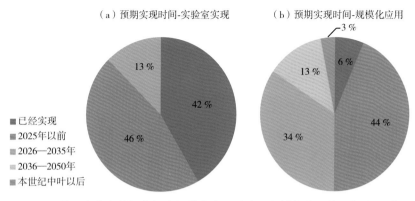

图 8-36　草原生态大数据分析应用技术在实验室和规模化应用的预期实现时间

　　通过专家参与问卷调查，在 14 个国家中选择 1~2 项作为技术研发领先的国家，统计分数结果如图 8-37 所示。美国具有最高的分数（占比 35.29 %），表示美国在草原生态大数据分析应用上处于国际领先水平；其次是澳大利亚和新西兰，投票占比分别为 20.59 % 和 10.29 %，中国所得占比为 10.29 %，其他国家占比较低，均不高于 10 %（图 8-37）。

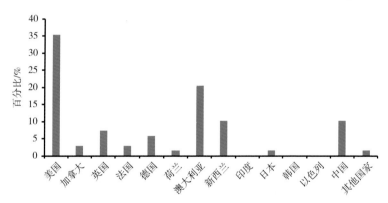

图 8-37　草原生态大数据分析应用技术研发领先国家

（十三）草原生态知识模型

　　在技术属性档次方面，核心性具有最高分值（3.57），其次是成熟度（3.37），在颠覆性方面专家的打分最低，平均分仅为 2.9。在技术应用重要性方面，专家们认为此技术在生态安全（3.97）上的重要性最高，其次是社会发展，平均分为 4.43。在制约因素方面，专家们认为制约此技术发展的主要因素是我国人才队伍不健全（3.63）、标准规范限制（3.43）及基础理论限制（3.4）（图 8-38）。

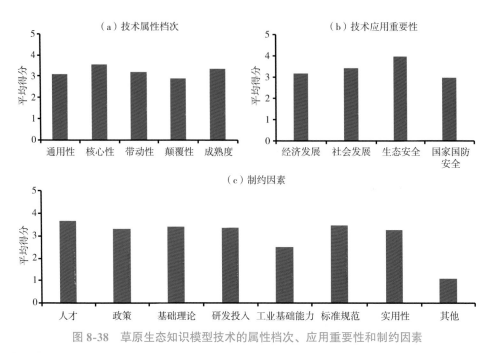

图 8-38　草原生态知识模型技术的属性档次、应用重要性和制约因素

在此技术的实验室实现时间上，48% 的专家认为目前已经实现，40%的专家认为在 2025 年以前可以实现。在此技术的规模化应用实现时间上，4% 的专家认为目前已经实现，43% 的专家认为在 2025 年以前实现，此外 53% 的专家估计将在 2025 年后实现规模化应用（图 8-39）。

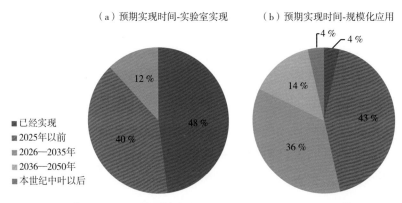

图 8-39　草原生态知识模型技术在实验室和规模化应用的预期实现时间

通过专家参与问卷调查，在 14 个国家中选择 1～2 项作为技术研发领先的国家，统计分数结果如图 8-40 所示。美国具有最高的分数（占比 35.21 %），表示美国在草原生态知识模型上处于国际领先水平；其次是澳大利亚和英国，占比分别为 22.54 % 和 12.68 %，其他国家占比较低，均不高于 10 %（图 8-40）。

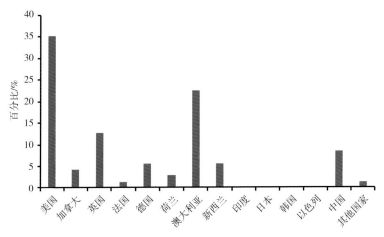

图 8-40　草原生态知识模型技术研发领先国家

（十四）草原管理决策支持系统

在技术属性档次方面，核心性具有最高分值（3.63），其次是带动性（3.57），在颠覆性方面专家的打分最低，平均分仅为 3.07。在技术应用重要性方面，专家们认为此技术在经济发展（4.57）上的重要性最高，其次是生态安全，平均分为 4.23。在制约因素方面，专家们认为制约此技术发展的主要因素是我国人才队伍不健全（3.67）、实用性（3.67）及标准规范限制（3.57）（图 8-41）。

在此技术的实验室实现时间上，43 % 的专家认为目前已经实现，43 % 的专家认为在 2025 年以前可以实现。在此技术的规模化应用实现时间上，16 % 的专家认为目前已经实现，28 % 的专家认为在 2025 年以前实现，此外 56 % 的专家估计将在 2025 年后实现规模化应用（图 8-42）。

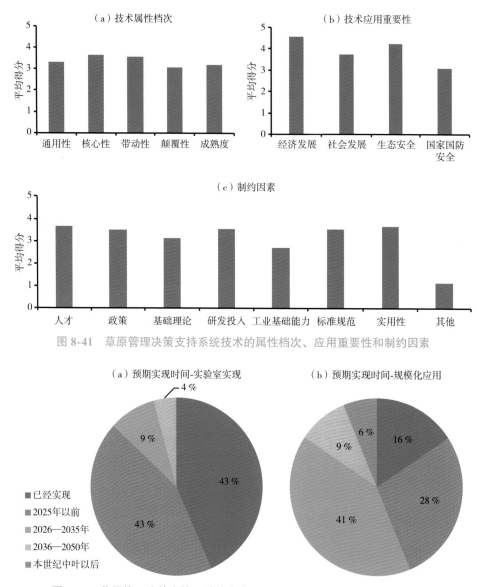

图 8-41　草原管理决策支持系统技术的属性档次、应用重要性和制约因素

图 8-42　草原管理决策支持系统技术在实验室和规模化应用的预期实现时间

通过专家参与问卷调查，在 14 个国家中选择 1~2 项作为技术研发领先的国家，统计分数结果如图 8-43 所示。美国具有最高的分数（占比 35.71 %），表示美国在草原管理决策支持系统上处于国际领先水平；其次是澳大利亚和新西兰，投票占比分别为 20 % 和 11.43 %，英国所得的投票占比为 10 %，其他国家投票占比较低，均不高于 10 %（图 8-43）。

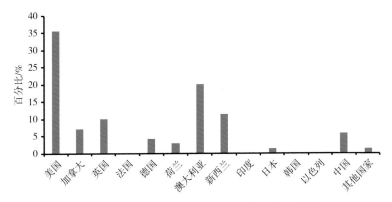

图 8-43　草原管理决策支持系统技术研发领先国家

（十五）草原自主控制技术与系统

在技术属性档次方面，核心性具有最高分值（3.63），其次是带动性（3.37），在成熟度方面专家的打分最低，平均分仅为 3.73。在技术应用重要性方面，专家们认为此技术在生态安全（4.1）上的重要性最高，其次是经济发展，平均分为 3.77。在制约因素方面，专家们认为制约此技术发展的主要因素是我国人才队伍不健全（3.83）、研发投入较少（3.83）及实用性限制（3.63）（图 8-44）。

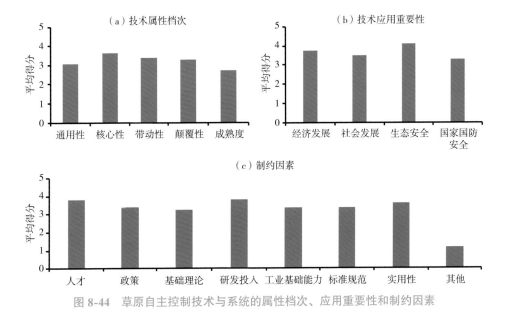

图 8-44　草原自主控制技术与系统的属性档次、应用重要性和制约因素

在此技术的实验室实现时间上，24％的专家认为目前已经实现，48％的专家认为在 2025 年以前可以实现。在此技术的规模化应用实现时间上，10％的专家认为目前已经实现，23％的专家认为在 2025 年以前实现，此外 67％的专家估计将在 2025 年后实现规模化应用（图 8-45）。

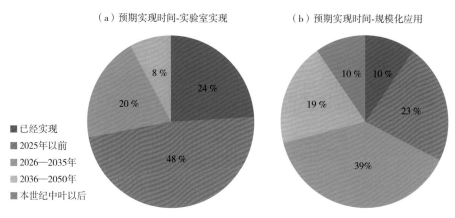

图 8-45　草原自主控制技术与系统在实验室和规模化应用的预期实现时间

通过专家参与问卷调查，在 14 个国家中选择 1～2 项作为技术研发领先的国家，统计分数结果如图 8-46 所示。美国具有最高的分数（占比 35.21％），表示美国在草原自主控制技术与系统上处于国际领先水平；其次是澳大利亚，投票占比为 14.08％，其他国家投票占比较低，均不高于 10％（图 8-46）。

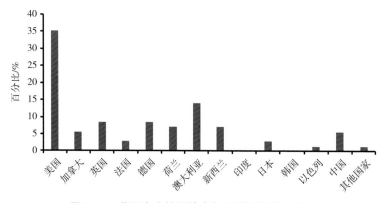

图 8-46　草原自主控制技术与系统研发领先国家

（十六）人机交互信息认知技术

在技术属性档次方面，通用性具有最高分值（3.67），其次是核心性（3.57），在成熟度方面专家的打分最低，平均分仅为3.07。在技术应用重要性方面，专家们认为此技术在社会发展（3.67）上的重要性最高，其次是生态安全，平均分为3.63。在制约因素方面，专家们认为制约此技术发展的主要因素是我国人才队伍不健全（3.8）、研发投入较少（3.63）及基础理论限制（3.63）（图8-47）。

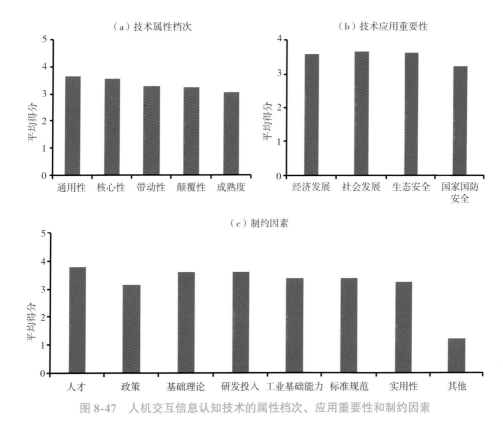

图 8-47　人机交互信息认知技术的属性档次、应用重要性和制约因素

在此技术的实验室实现时间上，31％的专家认为目前已经实现，46％的专家认为在2025年以前可以实现。在此技术的规模化应用实现时间上，16％的专家认为目前已经实现，35％的专家认为在2025年以前实现，此外49％的专家估计将在2025年后实现规模化应用（图8-48）。

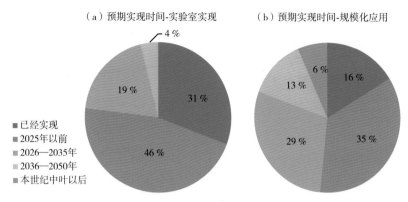

图 8-48　人机交互信息认知技术在实验室和规模化应用的预期实现时间

通过专家参与问卷调查，在 14 个国家中选择 1~2 项作为技术研发领先的国家，统计分数结果如图 8-49 所示。美国具有最高的分数（占比 35.06 %），表示美国在人机交互信息认知技术上处于国际领先水平；其次是英国和德国，投票占比分别为 12.99 % 和 10.39 %，其他国家投票占比较低，均不高于 10 %（图 8-49）。

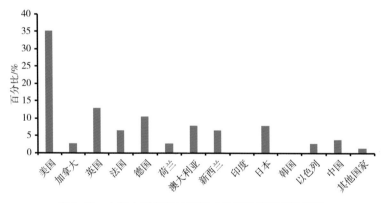

图 8-49　人机交互信息认知技术与系统研发领先国家

（十七）草原综合信息服务系统

在技术属性档次方面，核心性具有最高分值（3.6），其次是带动性和通用性（3.53），在颠覆性方面专家的打分最低，平均分仅为 3.07。在技术应用重要性方面，专家们认为此技术在生态安全（4）上的重要性最高，其次是经济发展，平均分为 3.9。在制约因素方面，专家们认为制约此技术发展的主要因素是我国人才队伍不健全（3.73）、研发投入较少（3.53）及标准规范限制（3.53）（图 8-50）。

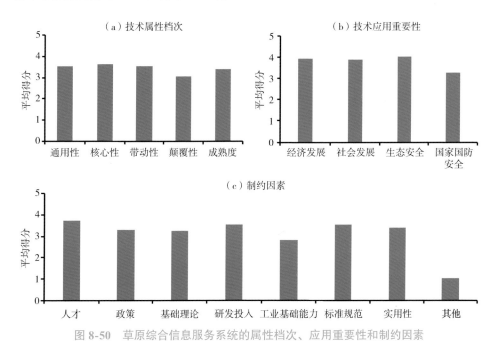

图 8-50　草原综合信息服务系统的属性档次、应用重要性和制约因素

在此技术的实验室实现时间上，46% 的专家认为目前已经实现，38%的专家认为在 2025 年以前可以实现。在此技术的规模化应用实现时间上，16% 的专家认为目前已经实现，34% 的专家认为在 2025 年以前实现，此外 50% 的专家估计将在 2025 年后实现规模化应用（图 8-51）。

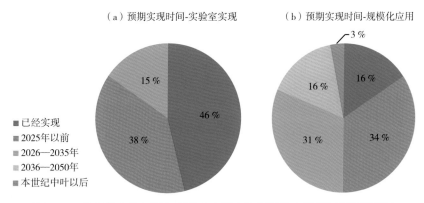

图 8-51　草原综合信息服务系统在实验室和规模化应用的预期实现时间

通过专家参与问卷调查，在 14 个国家中选择 1~2 项作为技术研发领先的国家，统计分数结果如图 8-52 所示。美国具有最高的分数（占比 32.35 %），表示美国在草原综合信息服务系统上处于国际领先水平；其次是澳大利亚和新西兰，投票占比分别为 17.65 % 和 10.29 %，中国所得的投票占比为 10.29 %，其他国家投票占比较低，均不高于 10 %（图 8-52）。

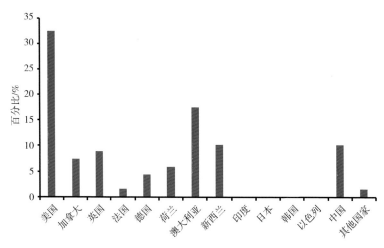

图 8-52　草原综合信息服务系统研发领先国家

（十八）智能服务系统

技术属性档次方面，核心性和带动性具有最高分值（3.83），成熟度方面专家的打分最低，平均分仅为 3.03。在技术应用重要性方面，专家们认为此技术在经济发展（4）上的重要性最高，其次是生态安全，平均分为 3.93。在制约因素方面，专家们认为制约此技术发展的主要因素是我国人才队伍不健全（3.93）、研发投入较少（3.87）及实用性限制（3.63）（图 8-53）。

在此技术的实验室实现时间上，19 % 的专家认为目前已经实现，54 % 的专家认为在 2025 年以前可以实现。在此技术的规模化应用实现时间上，没有专家认为目前已经实现，27 % 的专家认为在 2025 年以前实现，此外 73 % 的专家估计将在 2025 年后实现规模化应用（图 8-54）。

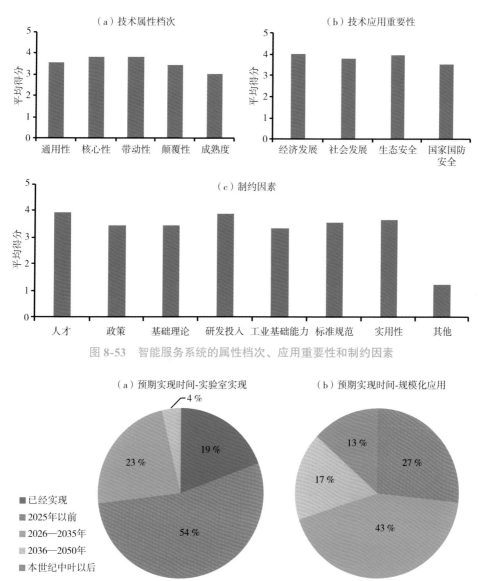

图 8-53　智能服务系统的属性档次、应用重要性和制约因素

图 8-54　智能服务系统在实验室和规模化应用的预期实现时间

　　通过专家参与问卷调查，在 14 个国家中选择 1~2 项作为技术研发领先的国家，统计分数结果如图 8-55 所示。美国具有最高的分数（占比40 %），表示美国在智能服务系统上处于国际领先水平；其次是澳大利亚和英国，投票占比分别为 12.86 % 和 10 %，其他国家投票占比较低，均不高于 10 %（图 8-55）。

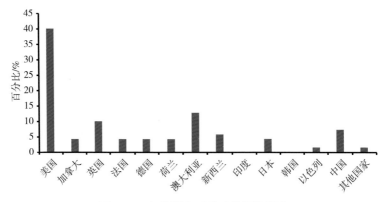

图 8-55　智能服务系统研发领先国家

第二节

技术清单方向一：草原资源监测

　　草原生态系统作为重要的陆地生态系统之一，为人类提供了多种产品和服务，草原资源监测是主要研究领域之一，从尺度上主要包括种群、群落、景观、生态系统等；从内容上主要围绕生产力、生物量、承载力、草畜平衡等；从方法上主要包括常规地面监测、大面积组网监测、3S 技术监测、模型模拟与评价等。

一、草原资源信息感知技术

（一）国内外研发与应用现状

　　草原资源信息感知技术目前可以分为 2 个方面。一方面，针对小尺度常规监测，如样方调查、相关生理生态参数观测等，主要依靠人工及仪器设备观测为主，在此基础上建立多点、多区域、多国家联网监测技术，进而实现空间上的尺度延伸。另一方面，以大尺度、大面积系统监测为主，以 RS、GIS、GPS 等技术为代表，具有宏观、快速、实时等特点，为草原监测节约了大量的时间、物力成本，同时提高了调查精度，在草原资源调查、退化、碳循环、生产力、生物量等方面得到了广泛应用[44, 45]。其中遥感技术在草原资源监测中得以广泛的应用，特别是大面积的监测与制图，在草原面积监测中，草原经常作为一个整体参与地物覆盖类型分类及制图，随着研究深入，草原类型空间信息提取也逐步开展起来，由于目视解译需要大量的工作，计算机自动分类越来越多地被应用。草原生物量、生产力作为草原资源的主要内容之一，从基于植被指数的回归统计方法到基于物理模型的模拟方法以及基于机器学习、深度学习的监测技术。草原退化已成为世界范围内的研究问题，植被地上生物量、盖度是反映草原退化重要指标之一，目前常用的是基于地面调查数据结合遥感影像植被指数建立回归模型，再在空间上进行反演，针对不同植被指数的适应性，衍生和发展了一系列植被指数。

（二）国内外差距

通过专家参与问卷调查，统计草原资源信息感知技术在国际上的发展水平如图 8-56 所示。其中，50% 的专家认为此技术的国内研发基础接近国际水平；28% 的专家认为此技术的国内研发基础落后国际水平 5 年；17% 的专家认为此技术的国内研发水平落后国际水平 5 年以上；仅 4% 的专家认为我国在草原资源信息感知技术方面处于世界领先水平。统计结果表明，此技术目前的国内外差距较小，研发基础接近国际水平（图 8-56）。

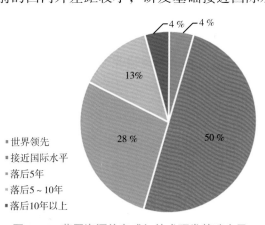

■ 世界领先
■ 接近国际水平
■ 落后5年
■ 落后5～10年
■ 落后10年以上

图 8-56　草原资源信息感知技术研发基础水平

（三）前沿发展趋势

基于常规观测技术在空间尺度上延展，建立多点、多区域、多国家联网监测是发展的趋势之一。随着遥感数据的不断丰富和遥感建模及反演理论的深入发展，遥感手段将在草原资源监测中发挥更为重要的作用。高光谱数据能够提供完整连续的光谱信息，具有确定的诊断意义，涉及植被类型的识别、植物化学成分的估测、植物生态评价等。光学遥感图像容易受到云雨等天气的影响，特别是在云量较多的高纬度区域，全年可获取的有效影像十分有限，而微波遥感不受天气条件的限制，有较强的云雨穿透能力，对于多云雾多雨地区草原资源监测有独特的优势，微波遥感对光学遥感是一个很好的补充[46]。

二、草原资源预测评价技术

（一）国内外研发与应用现状

草原资源的预测与评价主要集中在生物量、生产力、草畜平衡等方面[47]。广泛应用于草原地上生物量遥感估测的模型主要有统计模型和物理模型，统计模型是根据地面生物量与遥感图像上对应位置的反射光谱特征进行回归拟合，虽然在特定研究条件下植被指数和草原生物量之间有显著关系，但这些关系是专门针对特定区域或时间条件下的，并不能适用于其他区域或季节条件，随着神经网络、支持向量机等机器学习算法的发展，这些方法也被广泛用于草原生物量估算中。为了克服经验模型的缺陷，发展了基于植被冠层的光子传输理论的物理模型，如辐射传输模型、几何光学模型等。反映草原生态系统生产力的指标有净生态系统生产力、净初级生产力等，其中以草原净初级生产力应用最广，草原植被生产力差异较大，具有时空变异性，在小区域尺度上，草原生产力可以通过地面调查完成，但在大区域或全球尺度上，无法直接全面地进行测量，利用模型模拟进行间接估测就成为一种重要并被广泛接受的研究方法。估算植被生产力的模型可以初步分为统计模型、半经验半理论模型、植物生长机理—过程模型、光能利用率模型。自 20 世纪 90

年代以来，随着全球不同时空分辨率的遥感影像数据体系形成，发展了众多基于遥感数据的植被生产力模型。基于植被指数的统计遥感模型是最早发展起来的用于估算和模拟区域植被生产力的一种方法，通过建立遥感数据（主要是各种植被指数，如 NDVI、EVI 和 PRI 等）和地面观测的植被生产力数据构建统计关系，用于估算区域的植被生产力。基于遥感方法的光能利用率模型，由于其基于简单的机理过程，能够反映生态系统过程在不同时间和空间上的一致性和相似性，提高了生态过程预测的空间和时间连续性，已经成为模拟和评估现实条件下区域和全球植被生产力的主要研究方向。如今全球植被生产力研究发展了众多应用于区域和全球的光能利用率遥感模型，如 CASA 模型、GLO-PEM 模型、EC-LUE 模型、VPM 模型和 CFlux 模型等。

（二）国内外差距

通过专家参与问卷调查，统计草原资源预测评价技术在国际上的发展水平如图 8-57 所示。其中，33 % 的专家认为此技术的国内研发基础接近国际水平；40 % 的专家认为此技术的国内研发基础落后国际水平 5 年；24 % 的专家认为此技术的国内研发水平落后国际水平 5 年以上；仅 3 % 的专家认为我国在草原资源预测评价技术方面处于世界领先水平。统计结果表明，此技术目前的国内外差距较小，研发基础接近国际水平（图 8-57）。

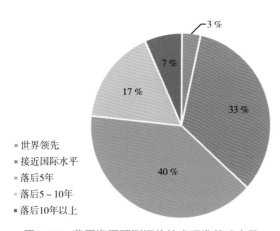

图 8-57　草原资源预测评价技术研发基础水平

（三）前沿发展趋势

模型模拟和观测是 2 种获得地表信息的手段，有着各自的优势和缺点。模型多能够提供时间和空间上的连续模拟，但通常都包含了复杂的参数；观测能够获得在观测时刻和所代表的空间上的"真值"，但空间及时间上的外推往往具有较大的困难。数据同化是指在考虑数据时空分布以及观测场和背景场误差的基础上，在数值模型的动态运行过程中融合新的观测数据的方法。数据同化通过在模型中不断融入新的观测数据，可以逐渐校正模型模拟预测的轨迹，使之更加接近真实的轨迹，提高模型模拟预测精度，获取更加精确一致的状态量。通过数据同化可以获得时空连续的、高时空分辨率的、大空间尺度的、长时间周期的、更为精确的数据。数据同化对提高数据利用效率、扩充模型数据来源、优化模型结果具有十分积极的意义，这也是草原资源预测评价发展的方向之一。

三、草原资源智慧决策技术

（一）国内外研发与应用现状

19 世纪末期到 20 世纪初期，发达国家的草原畜牧业经历了资源与需求扩张的冲突，近 1 个世纪以来，欧美发达国家建立现代草原生产系统的同时，也发展了完善的草原资源智慧决策技术体系[48]。目前，美国和澳大利亚分别引领着草原资源智慧决策技术方向。澳大利亚在完善的草原—家畜系统生产体系基础上发展了世界领先的草原畜牧业生产监测、模拟、决策支持技术与产品，美国在先进的对地观测技术和生态学理论支持下，研制了国际一流的草原生态系统碳循环模拟技术、草原适应性管理与决策支持技术。20 世纪 80 年代以来，中国也逐步开展了草原动态监测和模拟研究，为中国草原管理和宏观决策提供了重要的科学数据，但是中国草原畜牧业定量监控、生态系统模拟技术水平落后于发达国家，急需发展适合中国国情的草原畜牧业管理技术系统与平台，提高草原畜牧业监测、预测能力和管理水平，以满足新的国际国内形势下牧区草原安全生产的需求。

（二）国内外差距

通过专家参与问卷调查，统计草原资源智慧决策技术在国际上的发展水平如图 8-58 所示。其中，26 % 的专家认为此技术的国内研发基础接近国际水平；43 % 的专家认为此技术的国内研发基础落后国际水平 5 年；28 % 的专家认为此技术的国内研发水平落后国际水平 5 年以上；仅 3 % 的专家认为我国在草原资源智慧决策技术方面处于世界领先。统计结果表明，此技术目前的国内外差距较小，研发基础接近国际水平（图 8-58）。

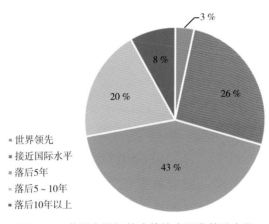

图 8-58　草原资源智慧决策技术研发基础水平

（三）前沿发展趋势

随着对地观测系统的发展和完善，尤其是碳卫星和地面探测技术的发展，未来国际草原资源智慧决策技术的趋势是以生产为核心的草原畜牧业监测与以碳循环为核心的生态系统模拟有机融合。气候变化直接影响草原生态系统植物群落及不同物种的物候，同时影响牧草分布特征；放牧等人类活动直接影响草原生态系统过程，草原在面对气候变化和人类活动的双重因素影响下，草原如何适应性管理、智慧决策是重要的发展趋势。基于气象数据、物候数据、植被数据、土壤数据和家畜数据，建立气候、物候、草场植被、土壤和家畜生产性能数据库，对模型参数进行相应的校正和改进，开发适合本地化的草畜生产监测管理，在牧场或牧户尺度上，基于牧场区域背景条件、草原资源、家畜资源、气象数据以及牧场草原和家畜生产监测数据以及不同家畜营养需求，进行草原放牧系统管理和草畜平衡诊断技术研究，分析不同月份家畜代谢能量需求的盈亏，从而分析当地草畜能量是否平衡，是另一重要的发展趋势。

四、草原资源信息服务技术

（一）国内外研发与应用现状

草原资源信息服务技术是在草原资源信息感知技术、草原资源预测评价技术、草原资源智慧决策技术的基础上，基于计算机技术、网络技术、通信技术和传感技术等实现综合应用，包括草原资源信息获取、信息处理、信息传输、信息利用等一系列环节的技术研究，包括多尺度草原生产系统功能、格局与过程的数字化表达、模拟、管理和控制[49]。20 世纪 50 年代，随着计算机的诞生，以信息化为标志的第三次产业革命给各行业提供了创新的契机，信息服务技术的应用改变了传统的草原生态系统管理思想。发达国家在现代化草畜生产体系基础上，建立了完善的草原资源信息服务技术，草原资源信息（植被、家畜、环境等）采集、处理、存储、积累和服务实现了数字化、网络化，形成了多种服务平台以及多种网络传输相互支持的格局，极大地支撑了草原的发展。中国草原资源信息服务技术与发达国家相比差距仍然较大，也落后于中国林业和农作物草原资源信息服务技术，集中表现在市场化程度低、不规范，产品级的技术开发薄弱等。

（二）国内外差距

通过专家参与问卷调查，统计草原资源信息服务技术在国际上的发展水平如图 8-59 所示。其中，27 % 的专家认为此技术的国内研发基础接近国际水平；45 % 的专家认为此技术的国内研发基础落后国际水平 5 年；27 % 的专家认为此技术的国内研发水平落后国际水平 5 年以上；仅 2 % 的专家认为我国在草原资源信息感知技术方面处于世界领先。统计结果表明，此技术目前的国内外差距较小，研发基础接近国际水平（图 8-59）。

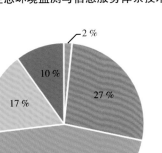

图 8-59　草原资源信息服务技术研发基础水平

（三）前沿发展趋势

基于草原资源信息服务的需求，未来的发展趋势主要体现在以下几方面：生产连续性、规范性的观测数据，即长时间支持某些固定观测；提高数据的应用程度，对于已获得的数据开发完善的数据产品，并将部分产品免费提供以扩大数据的应用及影响；开发多样性的模型算法，针对不同地区特点开发针对性的模型，以及相关模型的引进以及参数的本地化；针对不同的生产需求开发后续产品，建立遥感监测和地面监测业务化系统。

第三节

技术清单方向二：草原环境监测

长期以来，国内外学者从不同对象、不同尺度及角度对草原环境进行监测和研究，包括从物种、种群、群落、景观及生态系统等尺度等方面。在草原环境信息监测方面，通过先进传感器系统的测量、集成计算及传输，提高了数据精度，通过数据的即时传输，使数据时效性大大增加。在草原环境预测方面，大量的具有高精度、时效性、全面的数据作为环境预测建模的基础，能够预测及评价环境变化情况及模型的预测精度。在草原环境发展决策方面，基于以往的监测数据及模型分析，能够提供给决策者科学的证据，研究侧重于生态系统服务。在草原环境信息技术方面，发达的数据测量传输系统愈加完善，技术手段向信息智能化方向发展。

一、草原环境信息监测技术

（一）国内外研发与应用现状

草原作为生态环境的重要组成部分而备受关注，国内外已建立了一系列科学的、系统的、可操作性强的监测指标体系，并结合先进的遥感影像和卫星数据采集技术，对不同类型、不同景观的草原面积、分布及动态变化进行测定[50-52]。在现代信息技术的支持下，建立了草原环境与生态基础数据库、信息处理与评价系统和信息系统服务。基础数据库系统实现地面定位监测和路线的原始数据输入、存储、检索查询、更新；信息处理与分析评价系统实现利用背景数据、遥感影像、地面测定数据监测草原面积变化、草原生产力动态变化；统计资料评价草畜平衡状况；信息服务系统实现草原资源与生态监测预警体系的信息传输、反馈、交换、发布等；实现定位监测站的数据上传、数据集软件下载等业务和各级监测机构之间的数据交换；实现遥感数据、监测结果图件等大容量业务数据的网络传输、在监测系统内不同用户间共享使用。此外，定期提供各类草原面积现状、分布格局及动态变化数据集图件资料，实时监测不同季节、不同年份各类草原牧草长势、生物量变化等；定期发布不同草原区的草畜平衡状况，为草畜平衡提供科学依据，使草原生态环境真实性、完整性得到有效保护[53]。草原环境监测主要包含4个方面的内容，即气象监测、水文监测、植被及土壤监测、自然灾害监测。

（二）国内外差距

通过专家参与问卷调查，统计草原环境信息监测技术在国际上的发展水平如图8-60所示。其中，32%的专家认为此技术的国内研发基础接近国际水平；40％的专家认为此技术的国内研发基础落后国际水平5年；22％的专家认为此技术的国内研发水平落后国际水平5年以上；仅6％的专家认为我国在草原环境信息监测技术方面处于世界领先水平。统计结果表明，此技术目前的国内外差距较小，研发基础接近国际水平（图8-60）。

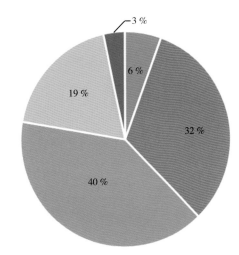

图 8-60 草原环境信息监测技术研发基础水平

（三）前沿发展趋势

在全球气候条件不断变化及人口增加的背景下，草原环境与资源面临严峻挑战，模拟未来降水条件或温度条件，牧草产量监测成为发展前沿。如基于统计模型的模拟技术，通过数学分析对特定区域内牧草产量与降水或温度等数据进行关系构建。但相对缺乏对牧草生长、生理等方面的内在机制和过程的理论研究。此外，在生态方面，在温度和水分条件的影响下，草原植物种群和群落的响应状况仍需深入研究。在生态系统层面，基于监测设备传感器、数据集成运算、数据实时网络传输等软硬件系统的完善，研究将会进一步深化在较大的空间和时间尺度上对牧草产量与环境因素、人为因素之间的相互作用机制，深入研究环境和人为因素对草原环境影响及可能的应对策略，并发展个体、种群、群落和生态系统层面的预测模型以及模拟不同研究尺度上的变化规律和趋势[54]。

二、草原环境预测评价技术

（一）国内外研发与应用现状

草原生态系统是最脆弱、受人类活动影响最严重、对气候变化最敏感的陆地生态系统类型。在气候条件和人类活动影响下，国内外对草原环境的预测主要包括不同类型草原的碳源汇问题，不同草原生态系统对环境变化的响应模式，以及基于草原生产力的草畜平衡预测模型。绝大多数模型都是结合遥感技术和草原环境监测数据建立预测模型。以当下热门的碳收支监测研究为例，准确掌握和评估草原碳收支状况和碳汇潜力，探索气候适应性的可持续草原管理模式，迫切且重要。国内外学者在碳收支监测、模拟和评估等方面开展了长期深入的研究工作，建立了完善的生态系统碳平衡监测体系，积累了较为成熟的技术成果[55]。目前，国际主流碳循环模型如 CENTURY、DNDC 等，不同模型间各自建模原理、输入变量和输出结果等各个方面，可以筛选适合草原生态系统碳循环过程模拟的多个模型[56-59]。在面向宏观决策、生产应用技术，研究建立草原碳收支监测评估的技术模式和体系，发展草原预测评价技术，实现区域草牧业低碳可持续发展，内容主要包括开展放牧管理模式、退化草原改良和人工草原固碳技术对草原植被和土壤固碳功能的正负效应，揭示草原固碳机理，开展草原固碳潜力评估，构建草原高效固碳调控技术体系；基于草原碳收支的评估技术研究成果，开展多尺度碳汇评估技术的推广应用[60, 61]。

（二）国内外差距

通过专家参与问卷调查，统计草原环境预测评价技术在国际上的发展水平如图 8-61 所示。其中，37% 的专家认为此技术的国内研发基础接近国际水平；37% 的专家认为此技术的国内研发基础落后国际水平 5 年；23% 的专家认为此技术的国内研发水平落后国际水平 5 年以上；仅 3% 的专家认为我国在草原环境预测评价技术方面处于世界领先水平。统计结果表明，此技术目前的国内外差距较小，研发基础接近国际水平（图 8-61）。

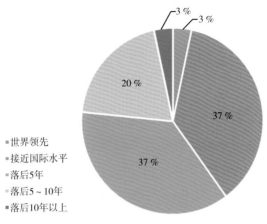

图 8-61　草原环境预测评价技术研发基础水平

（三）前沿发展趋势

草原生态系统对气候环境的敏感性，是研究气候变化的绝佳对象，当前主要研究热点问题是草原碳源汇问题。如开展控制试验，对不同草原生态系统碳循环机制的对比研究，揭示不同利用方式及气候变化对草原碳循环过程的影响机理。此外结合遥感技术，研究草原关键碳循环参数（CO_2、LAI、FPAR、LUE 等）高精度反演算法、多源多平台碳收支数据同化和尺度扩展技术。基于预测模型开展草原碳收支监测、模拟与评估技术示范应用，探索草原优化利用与碳平衡管理模式。

利用多时空监测数据，将会进一步促进对碳循环模型对比研究和集成分析，发展草原碳循环模型与遥感数据同化技术，创建多尺度草原碳平衡模拟评估方法和技术体系。

三、草原环境智慧决策技术

（一）国内外研发与应用现状

天然—半天然草原的演替与发展与人类长久的历史活动息息相关。如火的使用、开荒、放牧、刈割、采摘等人类影响对草原生态系统影响深远。随着信息技术发展，以往以点带面的监测日渐趋于完善、立体，成为空天地监测网络体系。与以往不同的是现代技术手段所获取的监测数据量巨大，依托信息技术发展，包括时间和空间尺度各类数据处理成为新的挑战[62]。这些数据具有体量大、结构多样、时效性强等特点。数据核心技术主要有采集解析技术、储存管理技术和并行计算技术。目前，国内外对此类数据处理流程主要包括数据采集，数据预处理，数据储存以及数据分析挖掘。在大数据时代背景下，对草原生态系统研究进入新的领域，复杂庞大的数据能得到及时有效的处理，用以模型的建立和预测。此外，卫星遥感、无人机航拍、地面监控探头等立体监控网络，发展人工智能自动图像识别技术，突破对野生动物和草原有害生物的地理位置、群体数量识别技术瓶颈，实现对草原禁牧、草畜平衡、草原有害生物、破坏草资源等情况的实时监控预警，为依法严格保护草原和促进草原合理利用提供强力技术支撑[63]。但在空间分析决策支持方面与各种应用模型的开发方面还很不足，在后续的开发中应该在应用模型开发和专家系统开发方面加大力度，完善各种功能。

（二）国内外差距

通过专家参与问卷调查，统计草原环境智慧决策技术在国际上的发展水平如图 8-62 所示。其中，26％的专家认为此技术的国内研发基础接近国际水平；43％的专家认为此技术的国内研发基础落后国际水平 5 年；28％的专家认为此技术的国内研发水平落后国际水平 5 年以上；仅 3％的专家认为我国在草原环境智慧决策技术方面处于世界领先水平。统计结果表明，此技术目前的国内外差距较小，研发基础接近国际水平（图 8-62）。

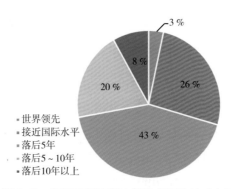

图 8-62　草原环境智慧决策技术研发基础水平

（三）前沿发展趋势

当前研究者开展运用大数据、物联网、卫星遥感、图像识别、无人机、机器人等新一代数字化技术在草原生态系统保护领域创新监管模式，开展智能监测，搞好预警，提供科学决策依据，激发生态保护新动能，实现生态保护智能化，形成生态保护新模式。通过野外红外相机监测、野生动物声纹、卫星定位追踪、图像的智能识别等技术，加强野生动植物的物种监测与保护。综合应用数据存储技术、云计算与挖掘技术、数据并发处理技术与智能管理技术与平台，实现草地可视化远程监控、变化预警、智能决策等的智能管理。基于泛在通信网络和人工智能技术，运用无人驾驶巡护车和智能巡护机器人，进行草原区的监测与巡护管理。

四、草原环境信息服务技术

（一）国内外研发与应用现状

草原生态环境与畜牧业经济之间存在耦合关系，对二者耦合协调发展水平进行研究，可以有效评价草畜平衡发展态势[64]。草原生态环境与畜牧业经济发展水平均呈增长趋势，但前者增速较缓并具有明显波动性。另外，与畜牧业经济发展相比，草原生态环境的发展水平稍显滞后。因此，应继续实施和完善草原生态环境保护相关政策，将二者的耦合发展水平提升到更高层次。基于草原监测信息，以及草原生态修复技术成果等资料，建立草原大数据，开发草原生态修复专家支持系统，自动生成"草原生态修复处方图"。研发种草改良方面的无人飞机、无人驾驶机械等技术产品，提高草原生态修复效率以及有害生物防治。在大数据背景下，建设生态修复人工智能应用体系。通过部署传感器、控制器、监测站和智能机器人、无人机等，草原修复领域构建智能化分析平台，建立决策支持系统。草原环境信息服务技术能够通过监测数据的大数据分析建模，以实现评价草畜平衡状况，发布生态监测预警信息，定期提供各类草原面积现状、分布格局及动态变化数据集图件资料等功能。值得一提的是，在信息内容共享方面，仍需进一步研究发展，以期为草原可持续利用管理和规划提供全面、科学的信息。

（二）国内外差距

通过专家参与问卷调查，统计草原环境信息服务技术在国际上的发展水平如图 8-63 所示。其中，27％的专家认为此技术的国内研发基础接近国际水平；45％的专家认为此技术的国内研发基础落后国际水平 5 年；27％的专家认为此技术的国内研发水平落后国际水平 5 年以上；仅 2％的专家认为我国在草原环境信息服务技术方面处于世界领先水平。统计结果表明，此技术目前的国内外差距较小，研发基础接近国际水平（图 8-63）。

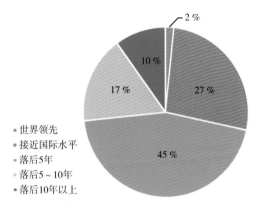

图 8-63　草原环境信息服务技术研发基础水平

（三）前沿发展趋势

当前研究者开展运用大数据、物联网等新一代信息技术，利用分布式数据库、云计算、人工智能、认知计算等技术优势，建设自然保护地"多规合一"信息平台，通过监测数据的大数据分析建模，及时掌握资源分布和变化动态，分析各类草原保护现状和保护成效，评价草畜平衡状况，发布生态监测预警信息，定期提供各类草原面积现状、分布格局及动态变化数据集图件资料等功能，为生态治理和预防生态退化提供科学决策依据。

技术清单方向三：草原利用技术

草畜生产分为前植物生产、植物生产、动物生产、后社会生产4个层次，其中植物生产和动物生产是核心，草原利用研究是围绕植物生产、动物生产、后社会生产以及相互作用开展。国外的草原研究基本上都和家畜系统结合在一起，主要包括放牧生态学和草原利用优化管理决策研究。在信息感知技术方面，研究通过构建草原监测传感器技术和空天地一体化组网监测技术，分析信息感知技术在草原利用的影响；在草畜利用评价技术方面，开展科学合理的草畜平衡评价，解决草畜矛盾，促进草畜第一与第二性生产力平衡协调发展；在智慧决策技术方面，通过研究草原生态知识模型和草原管理决策支持系统，有助于分析草原利用过程中智慧决策技术；在信息服务技术方面，通过利用人机交互信息认知技术，研发智能服务系统，对草原利用的信息化监测进行评估。

一、草原利用信息感知技术

（一）国内外研发与应用现状

随着对地观测、无线传感器网络等先进信息技术的发展，国外发达国家已将信息感知技术应用于草原利用信息监测管理中，美国、英国、法国、澳大利亚和新西兰等草原畜牧业强国相继建立了草原牧场信息动态采集系统，在微气候、土壤和空气温湿度、病虫害等信息的动态监测方面进行深入研究，在草原利用自动监测控制技术研究方面取得了重大进展，为草原现代化畜牧业生产提供了有效的信息保障[65]。近年来，随着无线传感器网络等技术的发展与应用，中国农业现场数据采集技术已经得到很大提高，在生态环境监测、温室环境信息、土壤温湿度等动态数据的采集方面开展了大量的研究工作，但中国在草原牧场利用信息采集方面研究相对较少。开展草原利用信息感知技术研究，为草原牧场信息化管理提供可靠的基础数据，成为草原牧场合理利用信息采集研究迅速发展的一个重要契机。

（二）国内外差距

通过专家参与问卷调查，统计草原利用信息感知技术在国际上的发展水平如图 8-64 所示。其中，37 ％ 的专家认为此技术的国内研发基础接近国际水平；38 ％ 的专家认为此技术的国内研发基础落后国际水平 5 年；25 ％ 的专家认为此技术的国内研发水平落后国际水平 5 年以上；没有专家认为我国在草原利用信息感知技术方面处于世界领先水平。统计结果表明，此技术目前的国内外差距较小，研发基础接近国际水平（图 8-64）。

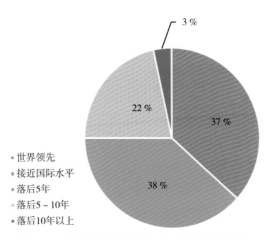

图 8-64　草原利用信息感知技术研发基础水平

（三）前沿发展趋势

草原利用监测从内容上可以分为人类活动对草原冠层生态参数、生态系统结构、生态系统功能的影响等，从尺度上分为小尺度常规监测、大尺度监测。以 3S、5G、物联网、"互联网＋"等技术为代表长期观测网络的信息采集和空天地一体化信息实时获取，既能节约时间和成本，又能提高监测精度，在草原利用调查和优化管理等方面得到了广泛应用[66]。目前，中国已建立不同尺度草原监测体系，每年定期开展相应监测，但中国草原多点联网监测发展相对较慢，且基于高新技术空天地一体化组网监测仍处于起步阶段，也缺乏相应的精准调控技术与应用。因此，有必要基于传感器技术和空天地一体化物联网监测技术，围绕草原利用监测信息感知技术展开研究，为草原合理利用决策提供及时准确的数据支持，加速现代化草业进程具有重要意义。

二、草畜利用评价技术

（一）国内外研发与应用现状

草畜平衡评价是草原利用的基本制度之一，草原载畜量是评价草原资源的重要指标，它反映了草原生产力的潜在水平。合理的草场载畜量，既是保护草场生态平衡和解决草畜矛盾的重要前提，也是畜牧业经济可持续发展的重要条件。以往对草畜利用评价的研究多基于遥感模型反演的产草量来估算理论载畜量；20 世纪 80 年代开始，随着先进信息的发展，在草畜业数字化管理和优化决策技术评价方面，逐渐开展计算机数据处理、模型模拟和知识处理的研究；21 世纪以后，与农业信息技术同步，整个世界范围内草畜业数字化管理技术进入以网络化、智能控制为主的全面信息化阶段，为草原畜牧业生产数字化管理奠定了理论和技术基础[67]。近年来，国内外学者在地面植被生物量和草原载畜量的遥感监测方面也开展了大量研究工作，例如，相关学者基于无人机 LIDAR 航测技术进行非生长季草畜平衡评估方法研究。与发达国家相比，在载畜量计算的基础上，国内学者在全国各地草畜平衡现状和模型技术评价方面，进行了相关研究，但现阶段中国草畜评价技术模型和信息化程度仍然处于追赶阶段。然而，随着近年来牧场信息化建设相关技术的发展与成熟，为中国草畜利用评价技术升级与跨越发展提供了重大机遇。

（二）国内外差距

通过专家参与问卷调查，统计草畜利用评价技术在国际上的发展水平如图 8-65 所示。其中，37％的专家认为此技术的国内研发基础接近国际水平；33％的专家认为此技术的国内研发基础落后国际水平5年；16％的专家认为此技术的国内研发水平落后国际水平5年以上；13％的专家认为我国在草畜利用评价技术方面处于世界领先水平。统计结果表明，此技术目前的国内外差距较小，研发基础接近国际水平（图 8-65）。

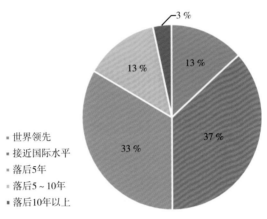

图 8-65　草畜利用评价技术研发基础水平

（三）前沿发展趋势

传统的草原地面调查监测方法成本高、时效差，且无法满足大范围动态监测实际需求。通过利用遥感技术针对大尺度范围草原进行实时观测研究，获取草原植被生产力和覆盖度的遥感植被指数，及时、准确地掌握草原资源动态变化及其生产力和载畜状况，已成为目前研究草原监测的重要手段和方法。探索草畜适应性动态管理，协调草原生产的生态、社会和经济功能，应是未来草畜利用评价的研究重点。但是以往基于光学卫星数据的生长季草原生物量监测方法，过分依赖植被叶绿素含量的测定，无法满足非生长季的草畜平衡评估需要。为了精确计算草原合理载畜量，学者们通过考虑生物量年际变化的草畜平衡核定方法，探索使用 LIDAR 等可探测植被垂直结构信息的数据进行非生长季草原生物量反演，这有效克服了传统卫星遥感不能监测干枯植被和食草动物信息的缺点，将会是未来草畜利用评价技术的发展趋势。

三、草原利用智慧决策技术

（一）国内外研发与应用现状

随着计算机技术的快速发展，畜牧业生产管理决策系统软件的功能逐步完善，基于牧场草原资源、气候、地形、海拔等背景信息，能够较好地模拟计算出最优的牧场面积和放牧方法。目前，国外开发的放牧管理决策支持系统较多，包括放牧决策计算器和牧场规划管理工具、单种和多种牲畜管理软件、单个小区和多小区管理软件，如 GrazFeed、NUTBAL 能够对动物的营养管理给出管理指导，GrassGro 和 SPUR 为多小区管理软件和多种牲畜管理软件，均能够很好地管理绵羊、肉牛、奶牛以及草原放牧小区，不仅可以模拟草场的生产、动物生产和管理方式，还可以对收入产出的经济效益进行计算[68]。

随着草原和家畜模型的不断改进，以及人工智能微电子技术、自动控制技术的深入应用，草原信息化管理和决策支持的硬件技术产品也得以迅速发展，美国、欧盟等相继研发了以现代信息技术为支撑的牧场监测管理系统，如在草原生产智慧监测方面，研发了草原群体盖度无损伤测量仪器 First Growth 和无损伤测量仪器草原生产速率 Raising Plate 各种决策支持系统；在草原家畜智慧监测方面，英国研制了放牧机器人、美国开发了"虚拟栅栏"、澳大利亚研发了"电子栅栏"，均实现了自动控制放牧研究，取得了较好的效果[69]。

与发达国家相比，中国畜牧业实际上还处于追赶阶段。虽然国内机构起步较晚，但最近几年发展也相当迅速。近年来，随着无线传感器网络等技术的发展与应用，智慧牧场监测技术已经得到很大提高，在草原生态环境监测、牧场温室环境信息、草原牧场畜舍温湿度和光照等参数采集方面做出了大量的研究工作，实现了对草原环境参数的自动化监测和饲养环境有害气体的监测。

（二）国内外差距

通过专家参与问卷调查，统计草原利用智慧决策技术在国际上的发展水平如图 8-66 所示。其中，18% 的专家认为此技术的国内研发基础接近国际水平；46% 的专家认为此技术的国内研发基础落后国际水平 5 年；31% 的专家认为此技术的国内研发水平落后国际水平 5 年以上；仅 5% 的专家认为我国在草原利用智慧决策技术方面处于世界领先水平。统计结果表明，此技术目前的国内外差距较小，研发基础接近国际水平（图 8-66）。

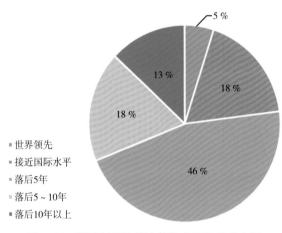

图 8-66　草原利用智慧决策技术研发基础水平

（三）前沿发展趋势

智慧牧场是未来牧场管理的一个发展方向，通过物联网、云计算、人工智能等信息化技术在畜牧业的应用发展，提高了畜牧养殖的信息分析和处理水平，将畜牧业生产向规模化、集约化、精细化方向推动，加强了畜牧养殖的监督控制。随着信息技术在畜牧行业的渗透，畜牧生产发生了根本改变，近年来，畜牧场管理系统、放牧管理和决策支持系统等相继开发，并在畜牧科研和生产中推广使用，提高了畜牧的生产效率，为畜牧生产提供了可靠保障。当前放牧和牧场规划决策软件已开始更多的结合地理信息系统、遥感、全球定位系统等高新技术，向空间化模拟和牧场大尺度经营决策方向发展。放牧畜群的无人监控管理是放牧技术和生产发展的必然趋势，是农业科技信息化发展的必由之路，以信息技术和智能装备技术为支撑，综合草原畜牧业的管理方法，解放牧区劳动力，提高畜产品产量和品质为目标的精准畜牧业，也已成为国际上现代畜牧业发展的前沿。

四、草原利用信息服务技术

（一）国内外研发与应用现状

随计算机技术和知识处理技术的发展，IBP、MAB 等国际计划的实施带动了整个世界范围内生态系统科学模拟的进展，作为主要的陆地生态系统，草原生态系统数据处理方法和系统模拟技术得到了长足发展，为草原畜牧业生产信息化管理奠定了理论和技术基础。美国、加拿大、欧洲、新西兰、澳大利亚等发达国家和地区在丰富的知识积累、科学统计方法、系统模拟与仿真技术基础上，针对实用草畜业生产管理问题开发了多种管理信息系统、专家系统和决策支持系统。21 世纪国际草原利用信息服务技术进入以网络化、智能信息化发展为主的阶段；近年来，发达国家的畜牧业信息化技术已进入产业化发展阶段；而且国外以政府、行业协会和大型的专业化的信息咨询公司为主形成了完善的畜牧业信息服务体系，农场主和畜牧业经营主体随时可以了解本国乃至世界各地的粮食价格、饲料行情、畜种情况、疫病防治、最新技术，并能及时获得专家的预测和指导，以最低的成本运行，得到最大化的利润。当前，畜牧业商情综合信息服务已经逐渐开始融入各类畜牧业生产管理软件中，成为其不可或缺的重要组成部分[70]。

与发达国家相比，中国在草畜业信息化管理方面也有一些研究与实践，包括草原数据信息系统和数据库技术、草原—家畜系统仿真和优化管理模型、草原畜牧业监测技术、草原诊断和病虫害监测专家系统、中国草业开发与生态建设专家系统、草业信息化管理系统和平台研究等。但是由于中国草业发展起步晚，草畜业信息化人机交互认知技术和智能服务系统研究仍处于探索研究和追赶阶段，虽然经过几十年的发展，国内在草原资源利用、畜牧业生产管理、家畜疾病诊断、牧业管理系统开发等领域已经取得了大量进展，但是牧场智慧监测管理一体化技术体系亟须进一步完善和发展[71，72]。

（二）国内外差距

通过专家参与问卷调查，统计草原利用信息服务技术在国际上的发展水平如图 8-67 所示。其中，22％的专家认为此技术的国内研发基础接近国际水平；47％的专家认为此技术的国内研发基础落后国际水平 5 年；31％的专家认为此技术的国内研发水平落后国际水平 5 年以上；没有专家认为我国在草原利用信息服务技术方面处于世界领先水平。统计结果表明，此技术目前的国内外差距较小，研发基础接近国际水平（图 8-67）。

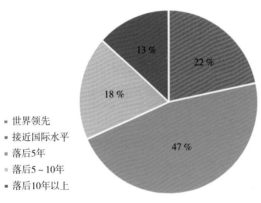

图 8-67　草原利用信息服务技术研发基础水平

（三）前沿发展趋势

目前，国际草原管理技术进入以网络化、空间化、智能控制为主的全面信息化阶段，数据信息越来越系统、智能化产品越来越实用。根据国际草业数字化管理技术发展趋势，针对草原利用发展对信息认知、智能监测和智慧管理的需求，建立从信息采集、动态监测、管理决策到信息传播的草原利用监测管理信息平台，对于促进农牧业信息化、科学化和现代化具有重要意义。随着国际互联网及 5G 无线通信技术的快速发展，通过集成控制决策、智能推理、人机交互学习、模拟仿真等技术，开发网络版本的远程诊断与移动智能诊断系统，提高系统决策的精确性、智能型和实用性，已成为国际上现代畜牧业发展的必然趋势。例如，草牧业物联网技术应用未来会越来越广泛，在草原畜牧业方面，放牧技术会越来越智能化，草原牧民可以根据各种传感器设备实时采集草原生产力数据迅速做出相应科学合理的对策，放牧机器人将传统牧民解放出来，更加精准、科学、高效地管理草原，使其健康可持续发展[73、74]。

第五节

技术清单方向四：草原灾害防治

由于中国草原所处特定的自然环境，降水少且时空分布不均，气候系统并不稳定，加之草原生态系统自身的开放性与脆弱性以及中国草原牧区的社会人文经济条件等，构成了不稳定的孕灾环境，使草原成为多种灾害的易发区，决定了中国草原具有灾种多、灾情重的基本特点[75]。根据灾害成因，草原灾害主要分为气象灾害，如雪灾、火灾、风灾（主要指沙尘暴）、旱灾以及三化灾害；生物灾害，如病、虫、鼠灾等；人为灾害，如过牧等。近几年来，中国每年因雪灾、旱灾、火灾死亡牲畜造成的直接经济损失达数十亿元，各种草原灾害造成的间接经济损失更是无法统计[76]。其中，草原旱灾和雪灾是影响草原地区畜牧业生产的2种主要气象灾害。草原灾害的形成、暴发与发展过程往往十分复杂，有时一种灾害可能是由多种致灾因子所导致，有时一种致灾因子可能会引发多种灾害。草原灾害的发生在空间上呈现出在同一地区各种灾害相互关联和组合的特点[77]。中国草原灾害防治工作存在一些问题、短板和弱项，主要表现在草原生态系统抵抗灾害能力下降、监测预警体系薄弱、综合防治能力不足、防治资金缺口大、科技支撑水平不够等方面。要充分认识草原灾害防治工作所面临的严峻形势，增强意识，强化落实，实施创新驱动发展战略，充分运用大数据、物联网、卫星遥感、图像识别、无人机、人工智能等新一代信息技术，在草原灾害防控领域创新监管模式，开展智能监测，做好预警，提供科学决策依据，实现信息服务智能化。

一、草原灾害信息感知和预警技术

（一）国内外研发与应用现状

在较大空间尺度上感知草原灾害的分布和发生态势对进行草原灾害区划十分重要，准确、成熟的草原灾害区划是区域灾害预警、风险评估及政策制定的基础[78]。全国各草原快速、准确的灾害预警更是避免较大经济损失、及时援救受灾地区的关键。目前的研究集中在利用无人机、智能图像识别等技术和高速的数据处理能力，监控、分析、处理、过滤大量实时数据，在草原灾害防治领域实现智能监测和智能预警，主要包括利用卫星监测、无人机巡护、智能视频监控、热成像智能识别等技术手段，加强草原火情监测，应用通信和信息指挥平台，提高草原火险预测预报、火情监测、应急通信、辅助决策、灾后评估等综合指挥调度能力和业务水平[79]；应用视频监控、物联网监测等技术，通过草原有害生物智能图片识别，结合地面巡查数据，加强数据挖掘分析、提高草原有害生物预警预报与综合防控能力；应用大数据挖掘、深度学习技术，结合位置、网络、移动终端等服务，形成沙尘暴预报模型，开展智能预报，提高沙尘暴灾情监测和预报预警能力，为降低灾情损失提供智慧手段；汇总各地区历史草原灾害信息，通过对相似历史案例灾害类型、事发时间、事发区域、事发原因、灾害级别等关联分析，构建草原灾害案例图谱，开展灾害反演，自动推荐草原灾害监测感知数据采集需求[80]。

（二）国内外差距

通过专家参与问卷调查，统计草原灾害信息感知和预警技术在国际上的发展水平如图 8-68 所示。其中，55％的专家认为此技术的国内研发基础接近国际水平；25％的专家认为此技术的国内研发基础落后国际水平5年；18％的专家认为此技术的国内研发水平落后国际水平5年以上；仅2％的专家认为我国在草原灾害信息感知和预警技术方面处于世界领先水平。统计结果表明，此技术目前的国内外差距较小，研发基础接近国际水平（图8-68）。

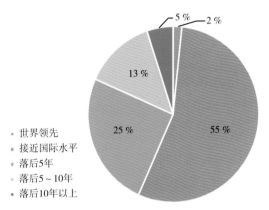

图8-68　草原灾害信息感知和预警技术研发基础水平

（三）前沿发展趋势

　　面对大时空尺度灾害感知和预警的需求，依托快速发展的人工智能技术、先进遥感技术[81]，建立卫星遥感、无人机航拍、地面监控探头等立体监控网络，发展人工智能自动图像识别技术，突破对各种草原灾害及多灾种识别技术瓶颈，实现对草原灾害的实时监控预警[82]，为防治草原灾害提供强力技术支撑，同时设立应急管理部，利用应急管理部应急管理大数据应用平台卫星遥感监测系统，融合区域地理环境、草原灾害风险区域、草原基础信息，基于图像识别和特征提取技术，运用应急管理部统一提供的卫星遥感数据，结合各地区实际需求采集航空激光雷达、倾斜摄影和无人机遥感等航空遥感数据，完成地区草原灾害监测预警基础数据制备，通过特征信息反演、灾害异常信息识别、灾害信息提取等方式，开展草原灾害遥感监测分析。在各地区基础信息图上，融合各草原灾害监测感知数据，构建区域特异的草原灾害综合监测图，实现草原灾害监测感知数据综合展示和空间信息智能检索[83]。通过感知网络和跨部门、跨层级的数据共享获取草原灾害监测数据，对不同地区各种草原灾害的灾情态势和过程进行动态感知[84]。

二、草原灾害评估技术

（一）国内外研发与应用现状

由于中国人口众多、生产水平较低，不同等级的草原灾害风险区的利用是不可避免的。根据各风险区的风险等级确定草原利用的方式、类型及规模，进一步探讨开发与防灾减灾保护措施的相互协调，即"适应灾害"。也就是说，依托草原的经济规划必须认真考虑草原灾害风险评估的成果，根据风险等级规划布局相应的功能区，如工业、商业、住宅与公共设施等，另外，还要考虑灾害响应的需要布局相应的应急设施，根据地区风险等级优化设计居民避难系统。草原灾害风险评估对国民经济发展调整，尤其对各草原区域行业的调整也具有重要的决策参考价值。灾损评估方法通常是采取经验评估或现场调查统计评估方法。前者是评估者对灾区社会经济状况有实际的了解，灾后对其经济损失做出经验评估，这种方法的评估结果一般有较大的误差；后者是灾后组织人员深入灾区现场，进行调查统计损失情况，这种方法需要大量人力，工作量十分巨大，对大中灾害采用这种方法是不可能的。草原灾害风险评估是灾前用科学方法对各种强度灾害情况下可能造成的损失做出全面评价，灾害发生后，可以根据灾害的强度找出相应的风险评估结果，再用抽样调查统计或综合评价方法等进行验证，这样就可以快速得到较准确的经济损失评估，避免了通常所见的人为地夸大灾损的现象。

（二）国内外差距

通过专家参与问卷调查，统计草原灾害评估技术在国际上的发展水平如图 8-69 所示。其中，32％的专家认为此技术的国内研发基础接近国际水平；42％的专家认为此技术的国内研发基础落后国际水平 5 年；19％的专家认为此技术的国内研发水平落后国际水平 5 年以上；仅 6％的专家认为我国在草原灾害评估技术方面处于世界领先水平。统计结果表明，此技术目前的国内外差距较小，研发基础接近国际水平（图 8-69）。

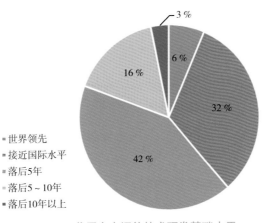

图 8-69　草原灾害评估技术研发基础水平

（三）前沿发展趋势

以往草原灾害的研究多侧重于单一灾种的研究，多关注某一灾种的成因、时空分布格局、风险评价理论与技术方法等方面。经典灾害研究往往认为不同的灾种之间是同质、线性、相互独立的，然而这一假设在多灾种风险监测并不适用。多种灾害相互关联形成的灾害系统复杂性，已经成为灾害研究的热点问题之一。进一步汇集气象灾害、水旱灾害、地质灾害、地震灾害、草原火灾、沙尘暴、生物灾害等的基础、预测预警、实时监测数据，实现对多灾种风险动态感知[85]，开发综合风险评估方法，基于综合风险评估成果数据、预测预报数据、感知数据及其他草原灾害相关数据，运用多种灾害态势分析模型及大数据分析[86]、人工智能技术，形成灾害发展趋势推演成果，辅助决策者研判灾害未来发展态势、多灾种灾害链分析，同时对灾害演变趋势提供应对灾害处置方案，为自然灾害应急管理工作提前部署提供参考。

三、草原灾害生态大数据分析与智能决策

（一）国内外研发与应用现状

　　草原灾害根据成因的不同主要分为气象灾害，如雪灾、火灾、风灾、旱灾以及三化灾害；生物灾害，如病、虫、鼠灾等；人为灾害，如过牧等；这些灾害之间互为因果，有着复杂的相互关系。它们由于自然异常变化或人类活动影响草原生态服务功能，破坏草原农业生态系统草—畜—人的和谐、平衡，造成经济损失和人员伤亡。影响内蒙古畜牧业的自然灾害主要以冬季草原雪灾和夏秋季草原旱灾为主，随着养殖设施的不断改善，因雪灾和旱灾造成的牲畜大面积死亡的现象极少，但受灾时牧民通常要购买大量饲草料来维持羊群正常生产，这导致了饲养及管理成本的上升，面对这样的情况需要积极调整草原灾害的评估方法和应对政策。这种情况在其他草原区域同样存在且具有明显的地区特异性，随着社会经济的发展，中国各地区草原灾害防控的基础设施、响应政策和机构在不断发展，中东部地区主要采取雪灾气象指数附加旱灾指数来评估灾害，西部地区主要采取旱灾气象指数附加雪灾气象指数来评估灾害，单灾害独立指数以及多灾种复合指数的利用和优化需要生态大数据的支持，这也反过来促进了生态大数据技术的发展。使用物联网、云计算、大数据、人工智能等快速发展的信息技术加快草原灾害信息整合工作，促进草原灾害智能信息平台相互连通，建成面向全行业统一的草原灾害大数据平台，实现全国草原灾害信息资源的共建共享、统一管理和服务，为草原业生产者、管理人员和科技人员提供网络化、智能化、最优化的科学决策服务，使得政务管理更加科学高效。

（二）国内外差距

　　通过专家参与问卷调查，统计草原灾害生态大数据分析与智能决策技术在国际上的发展水平如图 8-70 所示。其中，26% 的专家认为此技术的国内研发基础接近国际水平；43% 的专家认为此技术的国内研发基础落后国际水平 5 年；28% 的专家认为此技术的国内研发水平落后国际水平 5 年以上；仅 3% 的专家认为我国在草原灾害生态大数据分析与智能决策技

方面处于世界领先水平。统计结果表明，此技术目前的国内外差距较小，研发基础接近国际水平（图 8-70）。

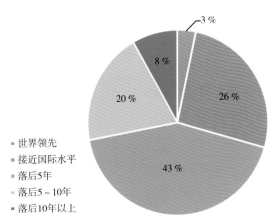

图 8-70 草原灾害生态大数据分析与智能决策研发基础水平

（三）前沿发展趋势

运用大数据分析挖掘和可视化展现技术开展草原灾害专项分析，为国家宏观决策提供大数据支撑。开展一体化的智慧草原大数据应用，运用大数据提高政府治理能力，进一步提高草原灾害事前事中事后监管能力，综合运用海量数据进行态势分析，提供科学决策新手段。建设草原灾害人工智能应用体系，实施创新驱动发展战略，充分运用大数据挖掘、深度学习技术，结合位置、网络、移动终端等服务，在草原灾害防控领域创新监管模式，收集草原灾害相关的多维数据，优化草原灾害生态大数据分析技术，更准确的评估各种草原灾害及多灾种和灾害链的风险和影响，为草原灾害的应对和管理提供科学决策，激发灾害防治新动能，实现灾害防治智能化，形成灾害防治新模式，为降低灾情损失提供智慧手段[87]。

四、草原灾害智能信息服务系统

（一）国内外研发与应用现状

随着新一代人工智能技术不断取得应用突破，全球加速进入智慧化新时代，人工智能将成为未来第一生产力，对人类生产生活、社会组织和思想行为带来颠覆性变革。抢抓人工智能发展机遇，深化智慧化引领，是全面建成智能草原灾害信息服务系统的重要举措。建设智能化的"互联网＋"政务服务平台，并以大数据分析为核心，重构草原灾害智慧感知、智慧评价、智慧决策、智慧管理服务和智慧传播的政府管理新流程，形成政务服务新格局。加大力度推进智能化的新媒体建设，开展智慧草原灾害态势综合展示的创新应用，传播绿色生态，传递友爱和谐，普及生态知识。利用自然语言处理技术，采用聊天机器人等人工智能手段，实时在线回答群众疑难问题。能够完全发挥人工智能技术在草业应用的活力，形成成熟的草原灾害信息化产业链，使人工智能技术与草原灾害防控得到真正完全融合，成为草原灾害应对和管理现代化的有力手段，实现草原灾害信息决策管理定量化、精细化，草原灾害服务信息多样化、专业化和智能化。

（二）国内外差距

通过专家参与问卷调查，统计草原灾害智能信息服务系统在国际上的发展水平如图 8-71 所示。其中，27％ 的专家认为此技术的国内研发基础接近国际水平；45％ 的专家认为此技术的国内研发基础落后国际水平 5 年；27％ 的专家认为此技术的国内研发水平落后国际水平 5 年以上；仅 2％ 的专家认为我国在草原灾害智能信息服务系统方面处于世界领先水平。统计结果表明，此技术目前的国内外差距较小，研发基础接近国际水平（图 8-71）。

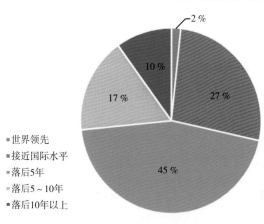

图 8-71　草原灾害智能信息服务系统研发基础水平

（三）前沿发展趋势

建成面向草原灾害应对和管理的人工智能技术标准、服务体系和产业生态链，在草业领域试点示范取得显著成果，并开始在大范围区域实现推广，草原灾害相关人工智能理论、技术与应用总体达到世界领先水平，建成更加完善的草原灾害应对和管理人工智能政策体系。人工智能技术及其应用成为草原灾害应对和管理的重要支撑和业务创新增长点，运用云计算、物联网、移动互联、大数据、人工智能等新一代信息技术，使管理体系协同高效，公共服务能力显著增强，保障体系完备有效。智慧草原灾害防控是未来草原灾害防控发展的必由之路，是未来草原灾害防控工作的创新之路，通过智慧草原灾害防控可以拓展草原灾害相关技术应用、提升草原灾害应对和管理水平、增强草原发展质量、促进草原可持续发展。智慧草原灾害防控的核心是利用现代先进的信息技术，建立长效的、智慧化的发展理念，实现传统草原灾害防控向高质高效的现代草原灾害防控转变。

第六节
技术清单方向五：信息服务技术

草原信息服务是一个具有科学指导性的服务型平台，更多应用于生态修复、草牧业整个产业链过程。从 20 世纪 80 年代开始，历经 40 余年，中国已经利用遥感（RS）、全球定位系统（GPS）和地理信息系统（GIS）建立了成熟的数字草原数据库，对草原要素信息、过程信息和管理信息中的对象、现象、过程的相关数据进行记录和结果表述，包括野外调查数据的植被结构和生产力监测数据、草原牧草生长发育模拟数据、不同尺度下草原面积、长势、病虫害、沙化退化等草原动态监测数据以及草原不同类型草原边界、行政管辖边界、地形与地貌、气候土壤、草原类型、草原利用状况。可以采集的数据包括中分辨率成像光谱仪（MODIS）数据、Landsat TM/ETM 数据，并且数字化精度对于图形定位控制点方根误差小于 0.075 m，对于工作地图的扫描点位误差不大于 0.1 mm。

　　草原信息系统包括草原管理信息系统、决策支持系统和草原专家系统，其功能可以进行草原空间数据以及属性数据的管理应用，包括草原资源分布、利用、草原经营状况、畜群信息、牧户区域、地点、草场位置、家畜数量等数据的双向查询、统计分析、数据添加、输入输出，能够完成草原质量评价、载畜量分析、草原放牧设计、家畜放牧归牧动态监测等，可以实现对放牧决策的分析、畜群结构的配置，并可提出最佳放牧方案和调控阈值。目前，国内能够达到如此草原信息管理水平的研究机构有 3～5 家。

一、信息感知技术

（一）国内外研究进展

　　空间信息技术大致可以分为信息数据的采集、整合、分析及表达 4 个主要技术内容。遥感技术主要承担广域空间信息数据的采集与分析任务；全球定位系统主要承担地表物体精准空间位置数据的采集任务；地理信息系统主要承担信息数据的整合、存储、分析及输出表达任务。地理信息系统是 20 世纪 60 年代中期发展起来的技术。它最初用于解决地理问题，至今已成为一门涉及测绘科学、环境科学、计算机技术等多学科的交叉科学。1963 年加拿大测量学家 Tomlinson R F 首先提出了地理信息系统（GIS）这一术语，并建成世界上第 1 个 GIS——加拿大地理信息系统 CGIS，并用于自然资源的管理和规划。不久，美国哈佛大学提出了较完整的系统软件 SYMAP，这算是 GIS 的起步；20 世纪 70 年代以后，由于计算机软硬件水平的提高，促使 GIS 朝着实用方向迅速发展，一些发达国家先后建立了许多专业性的 GIS，在自然资源管理和规划方面发挥了重大的作用。比如 1970—1976 年，美国国家地质调查局建成了 50 多个信息系统。其他国家，如加拿大、德国、瑞典和日本等相继发展了本国的 GIS。20 世纪 80 年代后兴起的计算机网络技术使地理信息的传输时效得到了极大的提高，它的应用从基础信息管理与规划转向更复杂的实际应用，成为辅助决策的工具，并促进了地理信息产业的形成。中国 GIS 的发展较晚，经历了 4 个阶段，即起步阶段（1970—1980 年）、准备阶段（1980—1985 年）、发展阶段（1985—1995 年）和产业化阶段（1996 年以后）。目前，GIS 已经在许多部门和领域得到应用，并引起了政府部门的高度重视。

信息可靠传输是面向事件检测的无线传感器网络必须解决的重要技术之一。其主要目的在于，准确感知事件后，将事件信息可靠传输至汇聚节点，通告用户及时采取措施。这是事件检测并准确通告的基础问题。近年来，世界各地科研工作者对信息的可靠传输展开了细致研究。这些研究内容主要可以分为两大类，一类是拥塞控制，一类是可靠保证。其中，拥塞控制主要用于对网络拥塞进行检测和控制，合理控制网络负载，提高吞吐量，降低丢包率和时延。而可靠保证主要解决信息传输过程中的丢包问题，满足信息传输不同的可靠性需求。在无线传感器网络中，拥塞主要分为 2 种。一种是节点级拥塞，由于数据包到达速率超过节点服务速率而在节点本地造成队列长度过长而产生的拥塞；另一种是链路级拥塞，由于多个节点同时发送数据包而在链路上造成信道竞争加剧、拥堵而产生的拥塞。无线传感器网络中的拥塞对事件信息的可靠传输造成直接负面影响。首先，节点级拥塞会造成队列长度过长而缓存溢出，数据包传输时延及丢包率都急剧增加，其次，链路级拥塞也会极大降低无线传感器网络信道资源利用率。另外，由于碰撞、竞争的加剧，链路级拥塞通常会反过来加剧节点级拥塞，性能进一步恶化。因此，在无线传感器网络中，必须设计合理的拥塞控制机制。

（二）国内外差距

通过专家参与问卷调查，统计信息感知技术在国际上的发展水平如图 8-72 所示。其中，45 % 的专家认为此技术的国内研发基础接近国际水平；28 % 的专家认为此技术的国内研发基础落后国际水平 5 年；15 % 的专家认为此技术的国内研发水平落后国际水平 5 年以上；12 % 的专家认为我国在信息感知技术方面处于世界领先水平。统计结果表明，此技术目前的国内外差距较小，研发基础接近国际水平（图 8-72）。

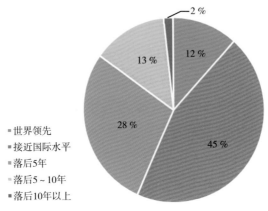

图 8-72　信息感知技术研发基础水平

（三）前沿发展趋势

虚拟现实、三维可视化 GIS 研究：在三维可视化领域，支持真正三维的矢量和栅格数据模型及以此为基础的三维空间数据库，将解决三维空间操作和分析问题，极大提高了 GIS 的空间分析功能。分布式技术、万维网与地理信息系统的结合：它们的结合产生了 WebGIS，这主要是由于大多数的客户端应用采用了 www 协议万维网，其基本思想就是在万维网上提供空间信息，让用户通过浏览器获得和浏览空间信息系统中的数据。ComGIS 的应用研究：组件式技术是新一代 GIS 软件的重要基础，ComGIS 是面向对象技术和组件式软件在 GIS 软件开发中的应用，它的出现为传统 GIS 面临的多种问题提供了全新的解决思路。

在保障事件监测的信息可靠传输面临诸多问题和挑战。突发性：面向事件监测的应用中，事件通常具有突发性、随机的特点；紧急性：面向事件监测的信息传输最重要的目的之一就是保证在最短的时间内通知用户紧急事件的发生，以便及时对紧急事件采取相应措施；可靠需求多样性：无线传感器网络的应用越来越多样化，一个网络可能有很多并行的不同任务；区域冗余性：通常情况下，为提高系统鲁棒性，无线传感器网络节点的部署会存在冗余；能量受限性：传感器节点常工作在无人值守的野外恶劣环境，采用电池供电且不易更换，因此能量极其有限。

二、预测评价技术

（一）国内外研究进展

多年来，世界各国的草原科技工作者，从不同的角度运用不同的方法对不同区域的草原进行了评价研究，形成了一系列评价方案，并在草原畜牧业生产实践中得到广泛应用。如 Sampson（1919）从草原基本情况方面评价；Abraham（1984）对澳大利亚西部天然草原基本状况进行评价并编制了评价的软件——RANGECON，首次实现了草原基本状况的程序化操作；此外还有 Foran and Tainton（1978）、Hacher（1984）、Tainton（1984）、Wilcox and Bryant（1987）、Pieper（1990）、Fuls（1992）在草原基本状况评价方面都各有自己的特点和侧重面；Bosch（1992）、Olsson（1984）将GIS 技术成功地运用于草原基本状况和生产能力评价；Dyksterhuis（1949）、Humphrey（1949）、Holmes（1962）、任继周（1964）、中国科学院蒙宁综考队（1980）等从草原植物的数量和质量上进行评价；美国草原管理学会（1974）、王栋（1955）、甘肃农业大学（1961）、中国北方草场资源调查办公室（1985）等从载畜量上进行评价；任继周（1980，1985）从畜产品上进行评价；王栋等（1961）、中国草原资源评价原则及标准（1979）、章祖同（1981）、刘德福（1983）、王昱生（1985）、Bosch（1992）、苏大学（1995）等选用多指标，从草群数量、质量、草原生境、草原利用价值等方面进行综合评价；李绍良等（1997）在研究草原土壤退化评价指标时提出了草原退化引起的土壤退化主要表现在土壤沙化、土壤有机质含量下降、养分减少、土壤结构性变差、土壤紧实度增加、通透性变差，通过大量的测定、统计和分析表明，将表层土壤硬度、有机质含量、全氮量、沙粒和黏粒的含量比值作为评价土壤退化程度的指标。

目前，计算植物生物量或生产力的模型可分为三大类：气候相关模型、光能利用率模型以及过程模型[88]。气候相关模型中具有代表性的包括Miami 模型[4]、Thornthwaite Memorial 模型[89] 和 Chikugo 模型[90]。光能利用率模型中具有代表性的包括全球净初级生产力模型[91]、CASA 模型及GLO-PEM 模型[92, 93]。不同时空尺度的过程模型已有不少，其中 BIOM3模型[94, 95] 和 Century 模型[96-98] 具有代表性。Century 模型作为模拟植被—土壤系统的一种生物地球化学循环模型，已广泛应用于草原生态系统生产力和生物量的动态模拟[99-102]。

（二）国内外差距

通过专家参与问卷调查，统计预测评价技术在国际上的发展水平如图 8-73 所示。其中，16％的专家认为此技术的国内研发基础接近国际水平；42％的专家认为此技术的国内研发基础落后国际水平 5 年；36％的专家认为此技术的国内研发水平落后国际水平 5 年以上；仅 6％的专家认为我国在预测评价技术方面处于世界领先水平。统计结果表明，此技术目前的国内外差距较小，研发基础接近国际水平（图 8-73）。

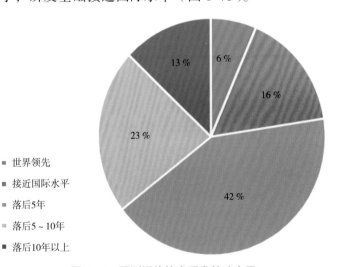

图 8-73　预测评价技术研发基础水平

（三）前沿发展趋势

以 3S 技术的应用为基础的草原评估技术，使得草原情况更加直观地呈现出来，如草原资产评估技术、草原环境预测技术、草畜利用评价技术、灾害预警评估技术的利用使草原综合利用情况、生态风险情况更加易于评估，但目前研究的主要方法、模型技术都是从单个源入手，多模型集成评估技术鲜有报道，从发展趋势看，将多模型同时纳入一个系统中的综合集成，一体化地为草业系统管理服务正成为一种必然，这将对草业经济发展和草原遥感科学研究水平的提高，产生深远影响和积极的推动作用。

三、智慧决策技术

（一）国内外研究进展

在当今信息技术飞速发展的社会，将海量信息数字化是信息社会高效可持续发展的技术保障。1998 年美国副总统戈尔首次提出"数字地球"。随后"数字化"成为世界关注的焦点，并成为大数据时代社会各领域将要面临的挑战和发展方向。20 世纪 70 年代以来，许多发达国家利用计算机技术、遥感技术等手段，进行了草原资源监测、草原生产管理与评估，研制了成熟的草业信息化监测、管理技术与产品，大大提高了草原经营管理的水平和效率。如 20 世纪 80 年代初，一些发达国家如新西兰和美国将气象卫星（AVHRR）资料用于草原植被遥感监测，计算特定区域的归一化差值植被指数（NDVI），从而监测其草原生产力和草原面积。加拿大的 Tucker et al.[103] 及美国的 Tueller[104] 利用遥感进行草原生物量监测预报与草原资源退化监测，为草原资源的合理利用和调控提供了科学依据；澳大利亚学者 Paltridge et al.[105] 应用遥感技术监测草原动态变化和草原火灾取得了良好效果；Townshend et al.[99] 利用 3S 技术对中东及非洲的植被进行动态监测及分析研究以及 Kogan[100] 基于遥感技术进行了气候对植被的影响等研究，均为 3S 技术在草原资源动态监测、自然灾害监测和预报研究提供了宝贵的经验与理论基础。草原信息化是构建草原大数据分析应用的前提和基础，而草原信息化进程重点在于提升和衔接信息获取、传递、处理（再生）、存储、利用等主要环节，形成完整的链条，通过业务化运行实现和提升信息化生产力。目前，中国草原信息化的重点是信息获取、处理和利用 3 个环节，而在信息传递、存储 2 个环节，当前网络环境、计算机硬件发展水平完全能满足需求，需要研发较少。

目前，国际草原数字化管理技术进入以网络化、空间化、智能控制为主的全面信息化阶段，在草牧业管理决策系统方面，随着计算机技术、对地观测技术的发展和应用，畜牧业发达国家如新西兰农业专家建立"农场系统"向农场主提供土地肥力测定、动物接种免疫、草场建设及饲料质量分析等各种信息服务[106]。澳大利亚开发的比较有代表性的系统有针对家畜饲养管理的系统 BEEFMAN，针对温带牧场整体规划的专家系统 GRAZPLAN[107]。美国针对不同草原生产和利用问题开发了 SPUR[89]，针对奶牛饲养问题的 DAFOSYM 及针对不同放牧管理策略的 GRASIM[102] 等多种草畜管理专家系统，并开发了相关硬件技术产品，大大提高了草原经营管理的水平和效率，为草原畜牧业现代化和可持续发展提供了有效的数字化基础信息平台。2010 年以来，三维虚拟技术也逐渐被草原地理信息系统方面采用，主要有三维虚拟草原中生态信息管理技术研究[108]，该研究以锡林郭勒盟为研究示范区，综合运用草原生态学原理、3D-GIS 技术、遥感技术、数据库技术及软件技术等现代相关技术[101, 109]，探讨多元空间信息和属性信息的组织方法，摸索多元生态信息与三维虚拟地形模型的关联技术，得出相应的多元生态信息有效管理机制。

（二）国内外差距

通过专家参与问卷调查，统计草原智慧决策技术在国际上的发展水平如图所示。其中，28% 的专家认为此技术的国内研发基础接近国际水平；38% 的专家认为此技术的国内研发基础落后国际水平 5 年；34% 的专家认为此技术的国内研发水平落后国际水平 5 年以上；没有专家认为我国在智慧决策技术方面处于世界领先水平。统计结果表明，此技术目前的国内外差距较小，研发基础接近国际水平（图 8-74）。

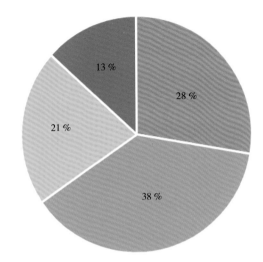

图 8-74　智慧决策技术研发基础水平

（三）前沿发展趋势

草原大数据信息越来越系统、数字化产品越来越实用。然而由于技术条件、基础数据等限制，中国草业数字化监测管理技术和产品研发处于肇始阶段，同类研究滞后于国际同行业技术发展水平。目前草原数据监测和管理研究还以技术积累为主，实用技术产品开发和产品级的技术研发基本空白。因此，借鉴农业大数据和数字中国的理论和技术，针对现代草原管理决策和生态保护的重大需求，研究制定草原信息软构件标准和数据库、模型规范，建立面向信息采集、决策处理、信息共享等各个环节的软构件库，以软构件分布重用的方式实现信息资源和软件资源的共享，构建数学草业监测决策管理集成平台，可以极大地促进草原大数据应用的发展，加速草原现代化进程。

草原自主控制应用模型与现代先进科技结合得更加紧密，主要体现在如下方面：实现了地理信息系统技术与草原模型的结合、遥感技术与草原机理模型的结合、模块技术与草原模型的结合，未来以大数据为基础的草原自主控制系统将根据采集到的基础地理信息数据、气象记录、表层土壤肥力分布、土壤墒情、作物病虫害、作物长势等农业大数据[110]，通过云计算、深度学习等手段，科学规划作物种植规模、比例和分布；针对性地给地块"开处方"，做到精播精施，精确应对病虫害并实施相应的施药方案，精准估产，合理的农机调度等草牧业生产过程中的科学决策；追溯草牧业产品生产源头、运输、仓储等流程，产品价格也有望与质量相匹配，达到优质优价。最终全面提升大型草牧业生产管理的信息化水平，实现大数据驱动的草牧业生产模式的转变升级。

四、信息服务技术

（一）国内外研究进展

自 20 世纪 70 年代美国国家航空与航天局发射第一颗地球资源技术卫星（陆地卫星），标志着太空遥感技术的开始，先后由俄罗斯（RESURS 卫星）、法国（SPOT 卫星）、印度（IRS 卫星）、日本（ADEOS）、巴西（与中国合作 CBERS 卫星）以及其他国家发射和运作了地球资源卫星，利用不同空间分辨率、光谱分辨率和数据收集频率监测地球的植被、水资源、人类活动等信息，主要应用是为农牧业提供快速信息服务。在牧业方面主要是利用遥感技术对自然植被进行监测、保护和改良，由于自然植被的宽广无际，多采用遥感图像解译的方式进行牧业植被的清查和分类、确定牧场植物群落的承载能力、牧场植物群落的生产力、条件分类和趋势监测、确定可用放牧的草原等。2001 年，农业部启动实施了"国家草原资源与生态监测项目"，组织包括青海在内的 23 个有草原分布省份的监测监理单位开展草原监测工作，该项工作持续至今，其目的主要是通过外业布设监测点的方式，选择有代表性的草原区域，调查其生态环境、自然环境、经济特征以及其他相关信息，建立监测数据库，为全面评测草原生态功能、草畜平衡、灾害评估和预警提供数据。20 世纪 90 年代初，随着地理信息系统及计算机和网络技术的迅速发展和广泛应用，信息技术在各个行业里迅速发展，基于 3S 技术支持的草原资源遥感监测应用研究掀起了高潮[111]。

国外在智能服务系统的建设方面，已有许多研究和成果。美国、澳大利亚、加拿大这些拥有大面积草原的国家，近年来都是将空间信息叠加到地面资料上，如叠加到植被、土壤、水资源、道路、栖息地类型、土地所有关系等这些专题图件上。3S 技术的应用使草原管理者能快速有效地发现草原使用中的不合理现象，以便从可持续发展的高度处理生产、生态、社会、经济等一系列问题。智能服务系统已在很多方面得到广泛使用，如放牧管理的监测和评估、植物生产性能和生物量水平测定、草原土壤调查和制图、草原及水域研究、野生动物栖息地制图等方面均有应用。从 1990 年开始，中国农业科学院草原研究所与甘肃草原生态研究所合作，利用 GIS 和 RS 技术结合建立中国北方草原动态监测系统，在遥感监测、草畜平衡、牧草长势和灾害性预测预报等方面已取得了一定的成效。1996 年，赵晓霞等[112]建立了达茂旗草原生态环境信息系统，是基于合理开发利用荒漠草原而建立起来的综合性、实用性的技术系统；该系统借助于计算机及其外围设备和地理信息系统软件 ArcInfo，由资料收集、数据处理、数据库和系统应用 4 个部分组成，能够全面反映达茂旗草原生态环境状况，具有信息提取、专题图件编制、多种统计分析等功能，可实现各专题乃至相关部门资源与环境信息的科学管理和数据共享，能够为区域调查和宏观分析服务，并能开展相应的决策咨询与应用研究。在信息技术飞速发展的今天，信息技术、网络技术已广泛应用于草原科学领域。

（二）国内外差距

通过专家参与问卷调查，统计草原信息服务技术在国际上的发展水平如图 8-75 所示。其中，25％的专家认为此技术的国内研发基础接近国际水平；45％的专家认为此技术的国内研发基础落后国际水平 5 年；28％的专家认为此技术的国内研发水平落后国际水平 5 年以上；仅 2％的专家认为我国在信息服务技术方面处于世界领先水平。统计结果表明，此技术目前的国内外差距较小，研发基础接近国际水平（图 8-75）。

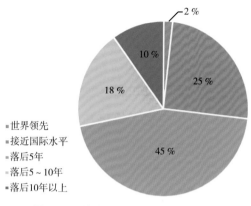

图 8-75　信息服务技术研发基础水平

（三）前沿发展趋势

运用 3S 技术建立草原信息综合服务系统，将草原经营管理模式改善为定点多方面的实时监测管理，有效解决草原经营管理工作复杂、草原生态环境治理艰难的草原难题。意义在于能够定点监测草原牧草长势动态、牧草产量及分布、草原旱灾、虫灾状况等草原资源信息，构建数字化草原资源动态监测信息平台，及时准确获得草原资源变化的信息，实现草原资源实时监测预警，有效解决草原复杂性导致管理工作艰巨的难题，实现传统产业的在线化、数据化，形成"活的"数据，最大限度地发挥其价值；在社会效应方面，草原信息综合服务系统通过开展对外服务，方便政府部门的管理工作，帮助科研人员寻找和发现新问题，并惠及广大农牧民。

智能服务系统及其应用将成为新的草业重点建设领域的重要支撑和业务创新增长点，运用云计算、物联网、移动互联、大数据、人工智能等新一代信息技术，使管理体系协同高效，公共服务能力显著增强，保障体系完备有效，成为实现草业现代化的新途径，加快草原基础资源信息整合工作，草原智能信息平台相互连通，草原数据基本整合完成，基本建成面向全行业统一的草原大数据平台，实现全国草原信息资源的共建共享、统一管理和服务。为草业生产者、管理人员和科技人员提供网络化、智能化、最优化的科学决策服务，政务管理更加科学高效有力支撑中国草业建设迈入智慧化的目标。

中国草原生态环境监测与信息
服务体系技术发展路线图

一、发展目标

在加强草原生态文明建设，创建草原生态优先、绿色发展新途径的需求下，草原生态环境监测与信息服务体系的总体目标是集成现代信息技术，构建中国草原资源环境信息智能感知和模拟，智慧决策和服务平台与技术体系。总体目标为：2025—2035 年形成一套草原生态系统智慧监测和精准调控的关键技术和具有可推广性的成果；2035—2050 年的技术集成示范满足国家对草原统一监管和现代草业发展的需求，为草原生态系统的时空现状及其动态变化监测、提升草原生产力、实现草原生态系统的保护修复提供科学技术助力。具体说来，到 2025 年，通过"自主创新 + 成果引进"的方式，突破常用草原生态环境监测传感器与感知技术、草原生态环境大数据与认知计算技术、新一代通信技术等共性关键技术，实现草原资源、环境、利用和灾害监测范围、精度和频率大大提高。到 2035 年，集中突破一批基础性理论与核心技术，研发一批重大关键装备，草原生态环境全要素信息智能感知技术和大数据获取系统不断完善。到 2050 年，草原生态环境监测实现自动化、智能化、无人化，建立完善的草原生态环境监测信息服务体系，信息服务的市场化、社会化水平显著提高（图 8-76）。

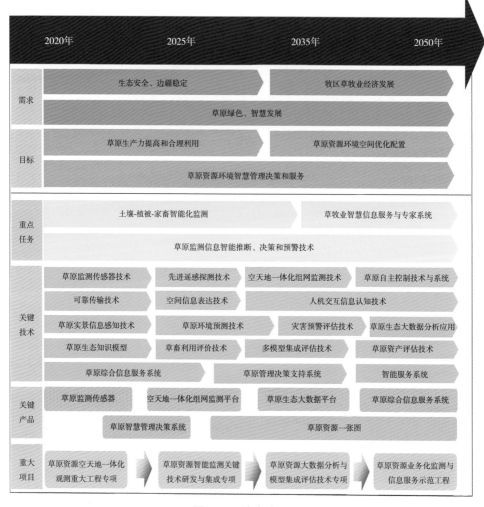

图 8-76　技术路线图

二、重点任务（2025 年、2035 年、2050 年）

基础研究方面：在 2025 年前通过开展基础研究，揭示草原生态系统监测与调控的科学基础，阐明草原生态系统稳定性维持的机理，解析草原资源数量和质量变化的过程与机制，明确生产力提升的内在机制；揭示不同尺度草原资源承载力的调控机制；提出草原生态系统智慧监测和精准调控的理论架构。

应用技术研发方面：在 2035 年前开展应用技术研发，研发基于长期观测网络的信息获取技术、空天地一体化的信息实时获取技术、草原生产与环境参数遥感获取技术，构建空天地一体化的草原生态系统智慧监测体系，研发草原生态系统大数据管理云平台，提出多尺度草原资源数量和质量动态监测的关键技术，建立草原资源生产能力与生态状况评估方法，攻克草原资源承载力监测与精准调控技术。

集成示范方面：2035—2050 年构建草原生态系统智慧监测管理软硬件技术产品，形成草原智慧监测、草原资源承载力评价、草原资源优化管理与精准调控全过程高效协调的智慧草原监测与调控技术体系，实现多尺度技术产品集成示范应用。

从时间节点上具体来说，到 2025 年，重点突破草原生态环境监测的空基、天基与地面物联网互联互通，初步建成局域性空天地一体化草地生态环境监测系统，建立统一草原生态环境监测及大数据标准规范。到 2035 年，提出多尺度草原生态环境动态监测的关键技术，建立草原生态环境状况评估方法，构建空天地一体化的草原智慧监测体系，研发草原大数据管理云平台。到 2050 年，建成草牧业智慧信息服务专家系统，实现无人化监测与大数据云服务产业化体系。

三、关键技术（2025 年、2035 年、2050 年）

信息感知重点任务方面：2025 年需要发展的关键技术是研制草原资源环境全要素信息智能感知技术和大数据获取系统，到 2035 年构建生物—环境智能传感和全天候空天地一体化的全测度多维信息智能获取技术体系，到 2050 年则实现智能感知技术和产品熟化与草原牧区全覆盖和集成应用。

预测评价重点任务方面：2025 年需要发展的关键技术是研发草原资源环境评价和灾害预警的多模型协同模拟和集成分析技术，到 2035 年搭建中国草原资源环境准确模拟评估和灾害预警体系，初步实现业务化运行，到 2050 年则实现草原牧区资源环境容量评价和灾害预警体系业务化信息全覆盖与应急调控能力建设。

智慧决策重点任务方面：2025 年需要发展的关键技术是发展基于大数据分析和深度学习技术，研制草原智能诊断、智能预警和决策技术，到2035 年发展基于云数据虚拟可视技术和类人智能，搭建和完善中国草原资源环境管理和利用的智能决策系统平台，到 2050 年则实现草原牧区草原生产、家畜饲养、病虫害防控和市场供应等全过程智能决策技术应用。

信息服务重点任务方面：2025 年需要发展的关键技术是建设服务草原牧区的基于大数据和智能决策技术综合信息服务体系，到 2035 年搭建中国草原牧区资源环境信息管理与综合服务平台，并在各级行政部门和牧户开展示范应用，到 2050 年则实现融合草原牧区社会经济、人文和市场等信息服务功能，完善综合信息服务平台建设。

第九章

重大工程与科技专项建议

围绕"草地生态环境监测与信息服务体系发展"，推进科技研发、应用示范与产业培育工程建设，提供现代服务业领域发展所需的基础理论、共性技术，构建草地生态监测与信息服务应用体系，培育草原生态环境监测现代服务产业，为草原区可持续发展提供基础保障。

第一节

科技研发专项——"一带一路" 草原资源监测国际科学计划

一、现状问题

20 世纪中叶，发达国家就基于航空遥感开展了国家和洲际尺度的草地监测，包括国际自然保护监测中心（CMC）、全球环境监测系统（GEMS）等全球性自然资源监测网络在全球范围内开展的草地植被监测与评价；20 世纪 80 年代，随遥感技术和地理信息技术的发展与应用，草地遥感监测技术实现了从传统地面监测到数字化监测的飞跃，利用不同遥感平台、不同类型的传感器开展了草地资源分类、生产力估算、灾害监测、退化监测等方面的理论研究与技术探索。半个世纪以来，中国组织实施了一系列的草地生态与环境大调查，以地面调查数据和遥感影像数据为基础初步掌握了草地自然资源与生态环境状况，但与农业和森林行业相比草地生态监测研究较为落后，面临着不少突出问题，是生态文明建设进程的技术短板和卡脖子问题。具体体现在：第一，本底数据老化、底数不清，中国目前使用的草地类型分布数据还是 20 世纪 80 年代的调查数据，经历了 40 余年的过度利用、气候变化，目前草地类型、面积分布、质量等级和退化状况都没有清晰可靠的数据，亟须更新以满足生态文明建设需求；第二，中国草地生态监测内容和指标少，工作相对零散，不够系统，监测技术主要基于大量地面采样和区域遥感统计模型，科学性差，新技术应用停留在研究阶段；第三，地面监测网络支撑系统不完善，站点尺度长期监测和遥感大尺度监测缺乏有机联系，导致大尺度遥感监测难以获得准确有效的地面验证，台站尺度监测获取的生物多样性、生态价值和资产评估等模型方法难以外推至区域和全国；第四，草地生态监测信息服务系统不健全，数据和成果应用非常有限，数据往往局限在非常有限的科研人员和运行机构中，没有对外开放使用，很难深入挖掘监测数据的潜在价值，也不能将监测信息转化成更广泛的成果，发挥其信息支撑作用。

二、需求分析

（一）推动区域协同发展、保障"一带一路"倡议顺利实施的需求

草地生态系统是"新丝绸之路经济带"的主体植被类型，欧亚草地总面积近 1 100 万 km^2，占世界草原总面积的 1/3。中国提出的"一带一路"倡议实施将会推动新丝绸之路经济带沿线国家的工业化进程，在此过程中，协调经济发展与生态环境之间的关系，维持生态系统服务价值和人类福祉，实现生态经济可持续发展是一个严峻的挑战。如何准确获取欧亚草地生态系统服务价值的现状、变化和发展态势，定量分析沿线国家草地生态系统服务功能与社会经济耦合效应，评价"一带一路"倡议的实施对中国及沿线国家的生态经济影响，是合理挖掘区域发展潜力、保障"一带一路"倡议顺利实施的重要支撑。

（二）推进国产卫星系列深化应用的需要

草地生态系统所处环境条件复杂、分布区域辽阔、类型多样、生态条件复杂，使得现代空间技术的应用面临许多新的问题与技术难点。开展"一带一路"沿线草原生态环境动态监测、评估与信息服务研究，不仅有助于形成地球科学研究的新生长点，也将极大推动中国国产卫星数据在世界范围的深化应用，推动中国遥感事业的发展。利用环境卫星、资源卫星等多

源国产卫星数据组网，结合地面验证网络构建草地监测预测业务与服务系统等，准确提取草地资源、生态、生产、灾害信息，为不同载荷的国产卫星数据的推广提供典型综合应用示范区，使国产卫星系列在草地资源环境变化的遥感动态监测和网络服务中替代国外同类产品，拓展国产遥感卫星数据产品的行业应用广度和深度，同时也是中国植被遥感技术领域追赶国外先进资源遥感强国的重要契机。

三、科技立项建议

草原生态环境问题如沙尘暴的影响往往不受国境限制，因此本书作者提出"一带一路"草原资源监测国际科学计划，开展以欧亚草原为核心的智慧草原科技研发工作。欧亚草原占全球草原的 33％，是人类粮食安全、水资源安全的重要基地，潜力巨大，但很多区域尚未有效利用。目前，国际上没有任何以欧亚草原带为核心的大科学计划，为未来保障人类粮食安全提供支撑。"一带一路"草原资源监测国际科学计划着眼于草原生产和生态的平衡，开展欧亚草原联网观测、生态资产监测评估、草原生态健康管理等科技发展研究，智慧利用如此广袤面积的草原资源，服务人类福祉。

（一）研发以草原生态环境监测为主要任务的科学卫星

草地生态系统多位于干旱区，土壤背景反射强烈，面积辽阔、冠层结构复杂、生物质空间分布粒度较大，所以草地生态环境监测需要不同分辨率的卫星数据共同支撑，尤其是针对草地生态质量快速实时监测，中国目前缺乏中分辨率、土壤和植被敏感波段的卫星传感器。基于现代信息技术和航空航天技术发展，研发适用于草原生态环境监测的科学卫星，提高新丝绸之路沿线草原生态环境全天候、针对性监测能力。

（二）建立现代草地生态环境监测地面网络体系

在中国及新丝绸之路沿线国家，选择不同环境下典型草原类型设立长期定位观测研究站，形成覆盖欧亚草原代表性类型、"一带一路"倡议工程关键区的区域草地生态环境科学观测研究网络，采用空天地一体化的手段开展从局地、景观到区域和大陆尺度的一体化观测与研究，推进科学观测数据共享和多学科综合研究，为全局掌控大尺度草原生态现状、完善草原科学理论提供基础数据；探索草原演替规律、生态环境变化驱动因素及退化草原生态恢复机制，积极推动区域草原生态环境和社会经济协调发展。

（三）构建空天地一体化草原环境组网监测评估技术体系

研制国际上较为先进的草地生态环境综合监测技术体系，包括基于虚拟星座的草原大尺度变化探测、基于无人机或气球等航空器的近空间信息插补、以地面定位观测网络为支撑的新一代植被动态预测理论与方法，促进多平台测量数据在草地生态环境监测中的融合应用，在草地定量遥感和生态环境综合监测研究等方面实现跨越式发展，形成对新丝绸之路沿线国家草原生态环境的全方位、全天候、多尺度、定量化的监测能力；研究基于大数据挖掘与智能分析的草地生态价值或资产评估模型、草地生态健康预测模型、草地生态灾害预警模型、草地利用诊断模型，结合国家"一带一路"倡议和重大生态工程需求，构建适用于草地生态环境监测信息服务的评估标准与技术规范体系。

（四）完善草地生态环境现代信息服务技术和标准体系

探索基于传统监测方法形成的基本理论体系框架，开发现代化智能监测与信息服务方法，构建传统与现代化技术相结合的理论体系系统；面向科技服务、基础生产和科技融合等领域，重点研究资源分享与分布式资源巨系统及其方法论、精准服务与科技大数据理论，推进成果的创新应用和实践。制定草原生态环境监测数据管理、应用、评估、服务的系列技术标准，研究草地生态环境信息服务的数据模型、在线服务全生命周期知识模型，研发人机交互信息认知技术、草原综合信息服务系统，实现欧亚草原生态环境监测信息及时准确获取、高效传播与应用服务，以及基于用户需求的草原管理智慧决策支持。

应用示范工程——智慧草原生态屏障工程

一、现状问题

现代信息技术的应用不仅改变了传统的草原生态系统管理思想，而且引发了以知识为基础的草业产业技术革命。近半个世纪以来，发达国家在其现代化草畜生产体系基础上，建立了完善的数字草业和智慧管理技术体系，相比而言，中国草原数字化、智慧化管理的研究和应用起步相对较晚。另外，作为中国绿色生态屏障主体的草原生态系统，近几十年来发生严重退化，现代经济的开放竞争对牧区传统畜牧业的强烈冲击，使草原自然生产力的极限受到极大挑战，系统平衡不断被打破，草原自然生产力的有限性与牧民社会生活需求的扩增性成为现阶段草原牧区发展中的基本矛盾，草原信息获取手段落后和应变决策能力不足，成为构建中国草原生态屏障的难点和关键问题。基于现代信息技术实现草原生态环境全方位信息精准获取、草原生态系统智慧管理调控，是破题草原生态修复和牧区可持续发展的关键。目前，中国草原监测和智慧管理应用技术与国外的差距较大，一是国内自主技术产品较少，二是现有技术系统的准确性和实时性有限，三是信息系统并发访问数量、响应速度等指标均落后于美国和澳大利亚。加强自主产权的智慧草原技术产品的研发和深化应用，是弥补中国草原生态监测和信息服务技术短板的当务之急。

二、需求分析

（一）保障中国国土生态安全、落实绿色发展战略的需求

草原生态系统占据中国半壁江山，位于干旱、半干旱区，具有很强的荒漠化潜势，是遏制中亚荒漠带向东蔓延的前沿阵地，是确保中国国土生态安全的一道屏障。一旦失去了这道屏障，其影响对中国将是全局性和灾难性的，而且是不可逆转的。近年来发生的跨地区、跨国界环境问题的沙尘灾害，就是草地资源退化、失去屏障功能的最惨痛的教训。同时，在近年来国民经济的快速发展、特定区域的高强度开发及全球极端气候事件的不断增加等背景下，中国北方草地的总体生态与环境状况、经济与社会发展格局均发生了巨大变化。通过应用示范工程建设，实现草地生态状况信息实时监测，客观评价草地生态安全现状，科学评估国家重大生态工程效果，准确预测草地生态系统未来变化，是新时期美丽中国建设、促进绿色发展的需求。

（二）促进草原畜牧业现代化转型、实现牧区可持续发展的需求

在干旱地区，草原的生态功能和经济价值并不逊色于森林和农田。草原自古以来就是草原畜牧业的重要基地，占据陆地植被总生物量的 36%~64%，同时也是更新速度最快的可再生资源。中国草原每年生产约 30 亿吨饲草，是草原畜牧业生产发展、未来食品安全的重要战略资源，也是边疆牧民生活、民族团结、社会稳定的保障。中国草原区草原畜牧业基础比较薄弱，受自然条件、市场因素和政策影响波动较大，并且受到水土流失、白灾、黑灾、沙尘暴等各类自然灾害频繁侵袭。基于实时、准确的监测信息优化草原畜牧业生产技术流程，是提高草原畜牧业管理水平、迅速提高草原畜牧业生产水平、有效提高草原畜牧业生产效率、缓解灾害风险抵抗能力的技术基础，对于草原牧区传统畜牧业现代化转型、实现社会经济可持续发展具有重要意义。

三、示范工程

基于国产卫星和导航系统研发自主产权的草地生态监测与信息服务系

统，是解决草原生态—生产矛盾的重要技术途径。为此，建议开展"智慧草原生态屏障"重大应用示范工程，以草原生态监测信息服务和管理决策需求为导向、以草原生态监测专用模型为基础、以现代草原信息技术产品研发为支撑，建设草原生态环境监测与信息服务技术体系与应用系统，包括草原生态环境监测工程、草原生态屏障管理工程、智慧草原信息服务系统及智慧草原生态屏障示范工程。

（一）草原生态环境监测工程

草原生态环境监测工程主要实现草原生态环境快速监测，解决智慧草原生态屏障最先一公里的问题。充分利用空天地一体化新型信息技术，构建发展低成本自动监测传感器与组网技术体系，建立草原生态环境实时监测应用系统，实现信息快速感知、实时传输、准确表达和高效应用，为各级管理部门提供决策依据。

（二）草原生态屏障管理工程

草原生态屏障管理工程主要解决草原监测信息在生态管理应用中的技术瓶颈，发展草原生态健康管理、草原气象智慧管理、草原生产智慧决策、草原生态恢复项目管理等应用技术和系统，实现草原生态健康的准确诊断评价与远程测控、重大灾害迅捷预警响应与风险评估，协调草原畜牧业和生态环境健康，突破智慧草原生态屏障"中梗阻"。

（三）智慧草原信息服务工程

智慧草原信息服务工程面向草原生态环境信息的高效应用，解决智慧草原生态屏障最后一公里的问题。综合利用云计算和大数据技术，整合草地生态环境监测与信息服务技术资源开发应用系统，开展基于人机交互大数据的草原生态信息便捷服务，针对国家智慧农牧业对草原监测的需求，促进农牧场智能化与简便化，实现草原生态环境信息个性化推送和针对性应用。

（四）智慧草原生态屏障示范工程

以长江黄河中上游地区、蒙古高原地区、新疆及中亚接壤地区为核心，开展智慧草原生态屏障示范建设工程，建立草原生态环境智能监测与智慧决策技术示范体系，开发简便快捷的系统服务以促进技术应用，保证面向不同用户服务的安全性、便捷性。开展草原监测管理人才培养，建设完善配套基础设施。

第三节

产业培育工程——智慧生态牧区产业培育工程

一、现状问题

草原牧区历经数百万年到上千万年的进化过程，逐渐形成了完整的草原—家畜—生态—经济宏系统，草原不仅是家畜的放牧场，是主要的食物来源和生产材料，也是主要的陆地生态屏障，对人类环境和文明发展具有极其重大且不可替代的作用，具有重要的经济、生态和社会价值。近年来，国家实施了"退牧还草""京津风沙源治理""草原生态保护和奖励机制"等国家重大工程和政策，旨在改善草原生态环境、促进牧区草原畜牧业产业升级、增加牧民收入。另外，随着中国工业化、城镇化进程的加快，农区畜牧业、城郊畜牧业迅速发展，牧区社会经济发展则严重滞后，草原畜牧业面临生态和经济双重压力。如何保护和利用好草原生态资源，发挥生态屏障功能的同时促进产业转型升级，打造生态良好、经济发展的新牧区，是目前草原牧区亟须关注的重大问题。

二、需求分析

（一）促进牧区产业转型、落实乡村振兴战略的需求

草原牧区是中国自然条件最严苛、生产资源最贫乏、生态环境最脆弱的区域，生产方式原始落后，生产力水平低，是新农村建设中非常特殊的一个区域，是落实中国乡村振兴战略的关键地区。牧区草原生态经济系统衰退的主要原因，在于草原畜牧业基本矛盾尚未得到缓解，尤其是牧民生产利益最大化的追求没有得到有效疏导，草原巨大的生态资产价值没有被充分认识和挖掘利用。解决牧区的矛盾和问题，应以更宽广的视野，确立"生态优先，科技先行，生态生产并举"的方针，重新认识草原内部潜力挖掘，重新认识草原外部投入及其方式，促进草原传统产业升级转型、变草原自然生产力为以科技作支撑的现代综合生产力。

（二）促进农牧业供给侧改革、实现牧区现代化发展的需求

草原畜牧业是牧区的基础和主导产业，由于缺乏有效及时的信息支撑，自然灾害造成的畜牧业崩溃事件时有发生，草原畜牧业的终端产品以牛羊活畜交易为主，高品质的草原家畜没有带来相应的价值，数字鸿沟成为产业发展的桎梏。现代信息技术快速发展的新时期，草原生态环境和经济发展方面的信息服务在技术上完全可行，亟须培育牧区生态产业新模式，推动现代生态旅游业和文化产业、现代物流业的发展，推动农畜产品供给侧改革、提高畜牧业生产效益，促进牧区农牧业现代化发展。

三、产业发展

针对草原牧区的生态问题、资源优势、产业现状及发展需求，提出"智慧生态牧区产业培育工程"，以广大牧区草原为主体、现代草原畜牧业为基础、现代生态服务业为引领、现代智慧物流贸易为支撑，构建不同层次产业融合与协调发展的现代草原生态产业体系，包括部署100个草原智慧生态产业园、100个草原生态产业培育项目。

（一）现代草原智慧畜牧业

基于草原生态环境监测工程、结合利用现代草原信息服务体系，优化现代草原畜牧业产业布局、确定重点优势发展地区、发展不同区域特色优势产品；以优质绿色牛羊肉、草原特色食品、野生动植物等地标性产品和草畜资源为契机，提前部署智慧畜牧业产业扶持、高水平加工、产业链打造等措施，推动现代草原畜牧业发展水平全面提高。

（二）现代草原生态智慧服务业

结合草原生态价值评估和草原生态屏障管理工程，打造一批有影响的草原国家公园和各级别草原名胜景点；加快培育草原数字会展、智慧旅游、休闲康体、健康养老等产业，形成一批战略性新兴草原生态旅游产业龙头企业，培育形成若干个现代草原生态服务业集聚区；加快现代草原生态服务业跨越式发展，实现草原农牧业经济主导向加工制造业经济和生态服务业经济双轮驱动发展转变，争取10年内使生态服务业增加值占地区生产总值比重达到50％以上。

（三）现代草原智慧物流贸易业

结合智慧草原信息服务技术、系统和标准体系，加快培育现代物流、电子商务、跨国贸易等新兴业态，大力推动物流集散和储运基础设施、现代化通信设施、物流信息管理技术装备建设，强化草原特色生态产品物流节点功能，以中心节点为主要依托，培育国际化、标准化、专业化的物流贸易产业，实现草原生态产品从生产采购、仓储运输、流通加工到商业配送的物流贸易产业集群，提升对草原牧区生态产业的贸易服务能力。

（四）现代草原文化信息产业

广大草原牧区是草原文化的重要发祥地，也是中华文明的关键地带，是东西方文化交流最早的承担者、文明互动的推动者。草原文化的继承和发展是牧区社会现代化的重要内容，草原文化产业是现代化新牧区的支柱产业之一。结合现代信息技术发展培育现代草原文化信息产业，创建文化产业专业服务平台，汇集专业化文化产业服务机构，加强草原文化创意和文化产品打造，实现基于大数据认知与精准分析的高端草原文化产业服务。

第十章

政策措施与对策建议

中国草原面积之大、功能之多，成为生态之基、生产之源、生活之本。当前，社会对草原工作的关注程度越来越高，"十三五"规划纲要把生态文明建设放在突出地位，纳入社会主义现代化建设"五位一体"的总体布局，这对草原保护建设提出了新任务。必须按照党的十九大关于"加快生态文明体制改革、建设美丽中国"的部署要求，在准确把握国家生态保护形势的基础上，坚持山水林田湖草沙是一个生命共同体，加强草原监测工作发展，为美丽中国建设做出重要贡献。

一、着力完善草原标准监测体系

要将草原监测体系作为工作的重要方面，着力完善标准监测体系，尽快改变一些地方无草原监测机构、无草原监测队伍、无草原监测设施、无经费的状况，尽快建成草原监测机构健全、装备精良、技术规范、队伍精干、保障有力、运转高效的草原监测体系。各省（自治区、直辖市）要积极建立草原监测机构，明确监测职能，促进草原监测体系不断完善，发挥更大的作用。

二、努力推动草原固定监测点建设

努力推动固定监测点建设是完善草原监测体系的突破口，各省（自治区、直辖市）要认真组织开展固定监测点建设工作，确保固定监测点选址科学、建设规范。首先，增加国家级草原固定监测点数量，完善野外场地设备、专用车辆、实验室、仪器设备等设施配备，不断优化固定监测点网络布局，扩大监测范围。各省（自治区、直辖市）要积极按照中央关于草原监测工作的安排和部署，便于全国统筹考虑，积极思考和研究固定监测点监测业务以及建设内容、提出具有实践性的方案，杜绝出现与地方实际不符或难以操作的问题。其次，加快固定监测点建设的同时应定期组织监测技术培训班，有利于固定监测点统一规范建设、运行和管理。通过进行详细讲解固定监测点方法和内容、固定监测点仪器设备的使用、固定监测点报送系统等方面的知识，确保固定监测点建设高质量完成，提升固定监测能力，切实保障草原监测工作有序进行。最后，各省（自治区、直辖市）在遵循《国家级草原固定监测点监测工组业务手册》的基础上，可印发各自省份草原固定监测点管理办法，明确规定相关单位在监测点管理中的职责任务，对监测点的设立、运行、监测结果运用、考核做出详细规定。进一步规范各省（自治区、直辖市）草原固定监测点管理工作，为提升草原监测工作能力水平提供重要制度保障。

三、切实履行各级草原监测工作职能

《中华人民共和国草原法》和国务院文件明确规定，草原监测部门不仅需要完成草原监测工作具体业务，还有责任有义务承担草原监测服务职能，为草原规划、保护、建设、利用提供科学依据，各级草原监测机构必须把这项职能做实做强。首先，各级（市）草原监测机构按照监理中心的组织安排和任务部署，认真对草原资源、草原生产力、草原利用、草原火灾、鼠虫灾害、植被长势、工程效益、生态环境状况进行动态监测。其次，在地面监测工作完成后，各级（市）草原监测机构要对获取的监测数据进行审查、复核，切实提高监测数据质量，努力投入起草编制全年草原监测报告。最后，各省（自治区、直辖市）草原监测机构应集中监测队伍加强对历史数据的纵向比较和对比分析工作，商讨草原监测工作中发现的问题，多出监测分析文章，提升对草原补奖政策实施效果评价及草牧业可持续发展的技术支撑和指导作用，扩大草原监测工作影响力，使之成为发挥监测作用的主要载体，宣传工作的主要窗口。

四、加大资金投入力度

草原监测特别是地面监测工作量大，是耗费人力、物力、财力的艰苦性工作，需要大量的资金投入才能有效开展。然后仅仅依靠监理中心的经费补助，很难促进草原监测工作的稳步进行。各省（自治区、直辖市）监测部门要主动向主管部门及相关部门汇报草原监测的进展情况，增进他们对草原监测工作的了解和理解，进而得到各方对草原监测工作的持续支持。一是努力争取财政部门的支持，增加草原监测专项经费的投入力度；二是努力申请草原监测经费，为草原监测提供良好的工作条件；三是要增强监测工作相关单位间的联系，建立友好合作关系，形成监测工作合力，形成互相支持、紧密联系、齐心协力做好监测工作的良好局面。

五、提升监测技术水平

按照习近平总书记"四个扎扎实实"要求，只有加强草原监测工作，提升草原监测技术水平，才能促进草原保护工作又好又快发展。因此，各级应多组织草原监测技术培训班，邀请草原监测专家进行技术理论授课，详细讲解关于如何提升做好监测工作、监测方法选择与优化以及如何选取和归并草原监测点等实用性知识。要求各省（自治区、直辖市）草原监测技术人员及骨干参加学习，并带领他们在监测点进行实地操作，结合监测过程中遇到的疑难问题以及薄弱环节进行重点剖析，加快研究统一的、规范的、科学的遥感与地面技术相结合的数据分析模型，不断创新监测方法的应用，提高监测方法的适用性和科学性[8]。

六、充分运用草原监测成果提高信息服务能力

草原监测工作是草原保护建设与利用的手段，草原可持续发展是草原监测的最终目标。因此，草原监测工作并不单单是为了获取大量的监测数据而对草原情况做出客观描述，而是在众多监测工作者的劳动成果基础上，对草原监测数据进行实时分析和研究，参考历年汇总数据，充分发掘监测数据的规律和价值，找出草原重要变化态势、对未来或即将可能发生的情况进行预测，建立草原监测信息系统，发布灾情预警信息，及时提供基本情况，为草原实施草畜平衡、落实草原承包制、推行禁牧休牧轮牧、监督管理、实施草原保护建设工程等工作提供更多实用的有效信息，提出科学

合理的对策与建议。此外，草原监测工作是草原预警工作的基础，要多与其他部门进行沟通和交流，获取资料，互相学习技术和方法，逐步提高预测预警能力，将草原监测结果转化为实际应用，更具有现实意义。

［1］ LI L，CHEN J，HAN X，et al．Grassland ecosystems of China［M］．New York：Springer，2020．

［2］ 蔡鹭斌，孔祥斌，段建南，等．国外经验对中国耕地质量监测布点的启示［J］．中国农学通报，2014，30（14）：192-197．

［3］ 李河．中国耕地质量评价和监测研究进展与展望［J］．安徽农业科学，2018，46（35）：14-16，18．

［4］ LENG G，HUANG M，TANG Q，et al．A modeling study of irrigation effects on global surface water and groundwater resources under a changing climate［J］．Journal of advances in modeling earth systems，2015，7（3）：1285-1304．

［5］ CHEN J，JOHN R，SHAO C，et al．Policy shifts influence the functional changes of the CNH systems on the Mongolian Plateau［J］．Environmental research letters，2015，10（8）：085003．

［6］ CHEN J，JOHN R，ZHANG Y，et al．Divergences of two coupled human and natural systems on the Mongolian Plateau［J］．Bioscience，2015，65（6）：559-570．

［7］ 李文杰，张时煌．GIS 和遥感技术在生态安全评价与生物多样性保护中的应用［J］．生态学报，2010（23）：368-375．

［8］ 刘美生．全球定位系统及其应用综述（三）——GPS 的应用［J］．中国测试，2007，33（1）：5-11．

［9］ 张新时，唐海萍，董孝斌，等. 中国草原的困境及其转型［J］. 科学通报，2016，61（2）：165-177.

［10］ CHEN S，CHEN Z，HUANG W，et al. Geographic pattern of plant invasion in nature reserves of China：human activity，biotic acceptance，and environmental heterogeneity hypotheses revisited［J］. Frontiers in ecology and evolution，2022，9：655313.

［11］ 张继权，张会，佟志军，等. 中国北方草原火灾灾情评价及等级划分［J］. 草业学报，2007，16（6）：121-128.

［12］ DONG G，ZHAO F，CHEN J，et al. Non-climatic component provoked substantial spatiotemporal changes of carbon and water use efficiency on the Mongolian Plateau［J］. Environmental research letters，2020，15（9）：095009.

［13］ QU L，DONG G，DE BOECK H J，et al. Joint forcing by heat waves and mowing poses a threat to grassland ecosystems：evidence from a manipulative experiment［J］. Land degradation & development，2020，31（7）：785-800.

［14］ 杨旭东，杨春，孟志兴. 我国草原生态保护现状、存在问题及建议［J］. 草业科学，2016，33（9）：1901-1909.

［15］ LEGESSE T G，DONG G，JIANG S，et al. Small precipitation events enhance the Eurasian grassland carbon sink［J］. Ecological indicators，2021，131：108242.

［16］ 胡振通，孔德帅，靳乐山. 草原生态补偿：草畜平衡奖励标准的差别化和依据［J］. 中国人口·资源与环境，2015，25（11）：152-159.

［17］ 王玮，冯琦胜，于惠，等. "3S"技术在草地鼠虫害监测与预测中的应用［J］. 草业科学，2010，27（3）：31-39.

［18］ 刘兴元，牟月亭. 草地生态系统服务功能及其价值评估研究进展［J］. 草业学报，2012（6）：286-295.

［19］ 唐华俊，吴文斌，余强毅，等. 农业土地系统研究及其关键科学问题［J］. 中国农业科学，2015（5）：900-910.

［20］ 许迪，龚时宏，李益农，等. 作物水分生产率改善途径与方法研究综述［J］. 水利学报，2010，41（6）：631-639.

［21］ 田晓宇，辛晓平，刘欣超，等. 草原生态环境监测现状与需求［J］. 中国农业信息，2020，32（5）：60-71.

［22］ 吴文斌，杨鹏，周清波，等. 遥感技术在农作物空间格局监测中的应用［C］//中国农学会. 全国农业信息分析理论与方法学术研讨会论文集. 2009.

［23］ 唐华俊. 农作物空间格局遥感监测研究进展［J］. 中国农业科学，2010，43（14）：2879-2888.

［24］ 吴训. 土壤水分亏缺对作物蒸腾耗水的胁迫影响及其定量表征［D］. 北京：中国农业大学，2018.

［25］ 李云玲，郭旭宁，郭东阳，等. 水资源承载能力评价方法研究及应用［J］. 地理科学进展，2017（3）：342-349.

［26］ BRAGAGLIO A，NAPOLITANO F，PACELLI C，et al. Environmental impacts of Italian beef production A comparison between different systems［J］. Journal of cleaner production，2018，172：4033-4043.

［27］ 张亚峰，史会剑，时唯伟，等. 澳大利亚生态环境保护的经验与启示［J］. 环境与可持续发展，2018，43（5）：23-26.

［28］ 杨全海. 澳大利亚农业信息化建设对中国农业信息化发展的启示［J］. 农业工程技术，2016（1）：27-28.

［29］ 何隆德. 澳大利亚生态环境保护的举措及经验借鉴［J］. 长沙理工大学学报（社会科学版），2014（6）：49-53.

［30］ 任榆田. 美国草地资源管理现状［J］. 中国畜牧业，2013（23）：50-52.

［31］ 李志强. 美国草地资源合理利用与信息化管理的启示［J］. 中国畜牧业，2012（21）：56-59.

［32］ GELFAND I，CUI M，TANG J，et al. Short-term drought response of N_2O and CO_2 emissions from mesic agricultural soils in the US midwest［J］. Agriculture，ecosystems & environment，2015，212：127-133.

［33］ 叶鑫，周华坤，赵新全，等. 草地生态系统健康研究述评［J］. 草业科学，2011，28（4）：549-560.

［34］ PYKE D A，HERRICK J E，SHAVER P，et al. Rangeland health

attributes and indicators for qualitative assessment［J］. Journal of range management，2002，55（6）：584-597.

［35］ 王富裕. 赴美国草地资源合理利用与信息化管理培训报告［J］. 宁夏农林科技，2013（2）：74-76.

［36］ 高娃. 草原监测预警体系建立和完善的基本思路［J］. 草原与草业，2006，18（4）：32-36.

［37］ 姜亮亮，马林. 草原监测工作现状及发展对策探讨［J］. 大连民族大学学报，2018，20（4）：33-36，51.

［38］ 王丽，郭晔，林进. 美国国家草原管理及其对我国的启示［J］. 林业经济，2019（6）：123-126.

［39］ NORTON T，CHEN C，LARSEN M，et al. Precision livestock farming：building 'digital representations' to bring the animals closer to the farmer［J］. Animal，2019，13（12）：3009-3017.

［40］ KLOOTWIJK C，VAN MIDDELAAR C，BERENTSEN P，et al. Dutch dairy farms after milk quota abolition：economic and environmental consequences of a new manure policy［J］. Journal of dairy science，2016，99（10）：8384-8396.

［41］ ORR R J，MURRAY P J，EYLES C J，et al. The North Wyke Farm Platform：effect of temperate grassland farming systems on soil moisture contents，runoff and associated water quality dynamics［J］. European journal of soil science，2016，67（4）：374-385.

［42］ NORTON T，BERCKMANS D. Engineering advances in precision livestock farming［J］. Biosystems engineering，2018，173：1-3.

［43］ KOTSEV A，MINGHINI M，TOMAS R，et al. From spatial data infrastructures to data spaces—a technological perspective on the evolution of european SDIs［J］. ISPRS international journal of geo-information，2020，9（3）：176.

［44］ LI F，ZENG Y，LUO J，et al. Modeling grassland aboveground biomass using a pure vegetation index［J］. Ecological indicators，2016，62：279-288.

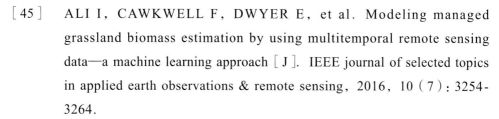
［45］ ALI I，CAWKWELL F，DWYER E，et al. Modeling managed grassland biomass estimation by using multitemporal remote sensing data—a machine learning approach［J］. IEEE journal of selected topics in applied earth observations & remote sensing，2016，10（7）：3254-3264.

［46］ 辛晓平，徐大伟，何小雷，等. 草地碳循环遥感研究进展［J］. 中国农业信息，2018，30（4）：5-20.

［47］ GAO Q，WAN Y，YUE L，et al. Effects of topography and human activity on the net primary productivity（NPP）of alpine grassland in northern Tibet from 1981 to 2004［J］. International journal of remote sensing，2013，34（5-6）：2057-2069.

［48］ LEHNERT L W，MEYER H，WANG Y，et al. Retrieval of grassland plant coverage on the Tibetan Plateau based on a multi-scale，multi-sensor and multi-method approach［J］. Remote sensing of environment，2015，164：197-207.

［49］ WACHENDORF M，FRICKE T，MCKEL T. Remote sensing as a tool to assess botanical composition，structure，quantity and quality of temperate grasslands［J］. Grass & forage science，2017，73（1）：1-14.

［50］ KUNDU C，KUNDU S，FERRARI G，et al. Distributed detection with censoring of sensors in Rayleigh faded channel［C］//Proceedings of the Third International Conference on Communication Systems and Networks，COMSNETS 2011，January 4-8，2011，Bangalore，India.［S.l.］：［s.n.］，c2011：1-5.

［51］ 高杨，沈重，张永辉. 基于多传感器数据融合技术的臭氧监测系统设计［J］. 传感器与微系统，2014，33（5）：66-68，72.

［52］ 马占飞，金溢，江凤月，等. 基于环境监测的两级数据融合模型与算法［J］. 计算机系统应用，2019，28（10）：112-119.

［53］ MARANO S，MATTA V，WILLETT P K. Distributed detection with censoring sensors under physical layer secrecy［J］. IEEE transactions on signal processing，2009，57（5）：1976-1986.

［54］ 李洪伟，刘兆东，闵远胜，等. 多源数据融合方法研究［J］. 核动力工程，2018，39（3）：77-80.

［55］ XIAO F. A novel evidence theory and fuzzy preference approach-based multi-sensor data fusion technique for fault diagnosis［J］. Sensors，2017，17（11）：2504.

［56］ RICCIARDELLI F，PIROZZI S，MANDARA A，et al. Accuracy of mean wind climate predicted from historical data through wind LIDAR measurements［J］. Engineering structures，2019，201：1-18.

［57］ BURTON Z F M，KROEGER K F，SCHEIRER A H，et al. Tectonic uplift destabilizes subsea gas hydrate：a model example from Hikurangi Margin，New Zealand［J］. Geophysical research letters，2020，47（7）：e2020GL087150.

［58］ SPRING A，ILYINA T. Predictability horizons in the global carbon cycle inferred from a perfect-model framework［J］. Geophysical research letters，2020，47（9）：e2019GL085311.

［59］ TANG L，HAYASHI K，INAO K，et al. Developing a management-oriented simulation model of pesticide emissions for use in the life cycle assessment of paddy rice cultivation［J］. Science of the total environment，2020，716：1-10.

［60］ SHAO C，CHEN J，LI L. Grazing alters the biophysical regulation of carbon fluxes in a desert steppe［J］. Environmental research letters，2013，8（2）：025012.

［61］ SHAO C，CHEN J，CHU H，et al. Grassland productivity and carbon sequestration in Mongolian grasslands：the underlying mechanisms and nomadic implications［J］. Environmental research，2017，159：124-134.

［62］ SHEN C，DU W，ATKINSON R，et al. Policy based mobility & flow management for IPv6 heterogeneous wireless networks［J］. Wireless personal communications，2012，62（2）：329-361.

［63］ 任艳中，王弟，李轶涛，等. 无人机遥感在森林资源监测中的应用研

究进展［J］. 中国农学通报，2020，36（8）：111-118.

［64］ HOLT J，URRIOLA P. Control feed intake by modifying dietary electrolyte balance ［J/OL］. National hog farmer，2020. https://www.nationalhogfarmer.com/nutrition/control-feed-intake-modifying-dietary-electrolyte-balance.

［65］ 曲云鹤，余成群，武俊喜，等. 发达国家草原管理模型的发展趋势［J］. 中国草地学报，2014，36（4）：110-115.

［66］ 唐华俊，辛晓平，杨桂霞，等. 现代数字草业理论与技术研究进展及展望［J］. 中国草地学报，2009，31（4）：1-8.

［67］ 王贵珍，花立民. 牧场管理模型研究进展［J］. 草业科学，2013，30（10）：1664-1675.

［68］ WARK T，CORKE P，SIKKA P，et al. Transforming agriculture through pervasive wireless sensor networks ［J］. IEEE pervasive comput，2007，6（2）：50-57.

［69］ BUTLER Z，CORKE P，PETERSON R，et al. From robots to animals：virtual fences for controlling cattle ［J］. The international journal of robotics research，2006，25（5）：485-508.

［70］ 郭雷风，王文生，陈桂鹏，等. 澳大利亚智慧牧场发展现状及启示［J］. 农业展望，2018，14（10）：52-55，67.

［71］ 王路路，辛晓平，刘欣超，等. 基于全生命周期分析的呼伦贝尔家庭牧场肉羊温室气体排放［J］. 应用与环境生物学报，2021，27（6）：1591-1600.

［72］ 王路路，刘欣超，吴汝群，等. LCA 研究方法及其在农业中的应用潜力分析［J］. 中国农业信息，2021，33（3）：13-23.

［73］ 刘欣超，王路路，吴汝群，等. 基于 LCA 的呼伦贝尔生态草牧业技术集成示范效益评估［J］. 中国农业科学，2020，53（13）：2703-2714.

［74］ 姜明红，刘欣超，唐华俊，等. 生命周期评价在畜牧生产中的应用研究现状及展望［J］. 中国农业科学，2019，52（9）：1635-1645.

［75］ 白美兰，郝润全，侯琼. 内蒙古典型农牧交错区孕灾环境特征及气象灾害风险辨识［J］. 干旱地区农业研究，2006（4）：155-160.

［76］ 李岚，侯扶江. 我国草原生产的主要自然灾害［J］. 草业科学，2016，33（5）：981-988，989.

［77］ 哈斯，张继权，郭恩亮，等. 基于贝叶斯网络的草原干旱雪灾灾害链推理模型研究［J］. 自然灾害学报，2016，25（4）：20-29.

［78］ 田凤宾，赵军，张俊. 甘肃省草原灾害评价与预警决策信息系统研究［J］. 安徽农业科学，2008，36（34）：15266-15268.

［79］ 董月娥. 草原防火减灾的战略措施［J］. 养殖技术顾问，2014（11）：315-316.

［80］ 采编部，刘源. 草原灾害防控情况概览［J］. 中国畜牧业，2013（22）：16-26.

［81］ 段庆伟，辛晓平. GIS 技术在草地畜牧业的应用研究进展［J］. 现代农业科技，2012（3）：13-14，17.

［82］ 张俊. 甘肃省草原灾害预警信息系统的设计与开发［D］. 兰州：西北师范大学，2009.

［83］ DAO R, BAO Y. Dynamic of the drought based on the ecological partition in Inner Mongolia during 1980—2015［J］. Research of soil and water conservation, 2019（3）：159-165.

［84］ WANG H, RAO E, XIAO Y, et al. Ecological risk assessment in Southwest China based on multiple risk sources［J］. Acta ecologica sinica, 2018, 38（24）：8992-9000.

［85］ LIU X P, ZHANG J Q, TONG Z J. Modeling the early warning of grassland fire risk based on fuzzy logic in Xilingol, Inner Mongolia［J］. Natural hazards, 2015, 75（3）：2331-2342.

［86］ LI Y, YE T, LIU W, et al. Linking livestock snow disaster mortality and environmental stressors in the Qinghai-Tibetan Plateau：Quantification based on generalized additive models［J］. Science of the total environment, 2018, 625：87-95.

［87］ ZIA A, WAGNER C H. Mainstreaming early warning systems in development and planning processes：multilevel implementation of Sendai framework in Indus and Sahel［J］. International journal of disaster risk science，2015，6（2）：189-199.

［88］ HEIMANN M，KEELING C D. A three-dimensional model of atmospheric CO_2 transport based on observed winds：2. model description and simulated tracer experiments［M］.［S.l.］：American geophysical union，2013.

［89］ FOY J K，TEAGUE W R，HANSON J D. Evaluation of the upgraded spur model（spur2.4）［J］. Ecological modelling，1989，118（2-3）：149-165.

［90］ HAXELTINE A，PRENTICE I C. BIOME3：an equilibrium terrestrial biosphere model based on ecophysiological constraints，resource availability，and competition among plant functional types［J］. Global biogeochemical cycles，1996，10（4）：693-709.

［91］ ZENBEI U，HIROSHI S. Agroclimatic evaluation of net primary productivity of natural vegetations［J］. Journal of agricultural meteorology，1985，40（4）：343-352.

［92］ PARTON W J，SCHIMEL D S，COLE C V，et al. Analysis of factors controlling soil organic matter levels in great plains grasslands［J］. Soil science society of america journal，1987，51（5）：1173-1179.

［93］ CLEWETT J，TAYLOR W，MCKEON G，et al. Beefman：Computer systems for evaluating management options for beef cattle in northern Australia［C］// Proceedings Australian Society Animal Production，1988：367.

［94］ POTTER C S，RANDERSON J T，FIELD C B，et al. Terrestrial ecosystem production：a process model based on global satellite and surface data［J］. Global biogeochemical cycles，1993，7（4）：811-841.

［95］ PRINCE S D，GOWARD S N. Global primary production：a remote sensing approach［J］. Journal of biogeography，1995，22：815-835.

［96］ 盛文萍. 气候变化对内蒙古草地生态系统影响的模拟研究［D］. 北京：中国农业科学院，2007.

［97］ 袁飞，韩兴国，葛剑平，等. 内蒙古锡林河流域羊草草原净初级生产力及其对全球气候变化的响应［J］. 应用生态学报，2008，19（10）：2168-2176.

［98］ 陈辰，王靖，潘学标，等. 气候变化对内蒙古草地生产力影响的模拟研究［J］. 草地学报，2013，21（5）：850-860.

［99］ TOWNSHEND J R, JUSTICE C. Analysis of the dynamics of African vegetation using the normalized difference vegetation index［J］. International journal of remote sensing，1986，7（11）：1435-1445.

［100］ KOGAN F N. Remote sensing of weather impacts on vegetation in non-homogeneous areas［J］. International journal of remote sensing，1990，11（8）：1405-1419.

［101］ XIAO X, OJIMA D S, PARTON W J, et al. Sensitivity of Inner Mongolia grasslands to climate change［J］. Journal of biogeography，1995，22：643.

［102］ BRAUDEAU E, MOHTAR R H. Water potential in nonrigid unsaturated soil-water medium［J］. Water resources research，2004，40（5）：191-201.

［103］ TUCKER C J, SELLERS P J. Satellite remote sensing of primary production［J］. International journal of remote sensing，1986，7（11）：1395-1416.

［104］ TUELLER P T. Remote-sensing technology for rangeland management applications［J］. Journal of range management，1989，42（6）：442-453.

［105］ PALTRIDGE G W, BARBER J. Monitoring grassland dryness and fire potential in australia with NOAA/AVHRR data［J］. Remote sensing of environment，1988，25（3）：381-394.

［106］ 欧阳晓光，张菊年. 关于农业信息化的若干认识与思考［J］. 中国农业科技导报，2001（4）：77-81.

［107］ MOORE A D, DONNELLY J R, FREER M. GRAZPLAN：decision support systems for Australian grazing enterprises-III. Pasture growth and soil moisture submodels, and the GrassGro DSS［J］. Agricultural systems, 1997, 55（4）: 535-582.

［108］ 王瑞永. 三维虚拟草原中生态信息管理技术研究［D］. 北京: 中国农业科学院, 2011.

［109］ 赵敏, 周广胜. 中国北方林生产力变化趋势及其影响因子分析［J］. 西北植物学报, 2005（3）: 466-471.

［110］ 王一鹤, 杨飞, 王卷乐, 等. 农业大数据研究与应用进展［J］. 中国农业信息, 2018, 30（4）: 52-60.

［111］ 吴文斌, 余强毅, 杨鹏, 等. 农业土地资源遥感研究动态评述［J］. 中国农业信息, 2019（3）: 1-12.

［112］ 赵晓霞, 张自学. 达茂旗草原生态环境信息系统的建立［J］. 内蒙古环境保护, 1996（1）: 20-23.

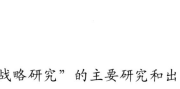

致　谢

　　"草原生态环境监测与信息服务体系发展战略研究"的主要研究和出版得到了国家科技基础资源调查专项"蒙古高原（跨界）生物多样性综合考察（2019FY102000）"、国家自然科学基金委员会资助项目（41771205、31870466、32060278、32192464）、中国工程院重大咨询项目"智慧农业发展战略研究"课题"草原生态环境监测与信息服务体系发展战略研究"等资助。